U0359044

2014
China
Interior
Design Annual

2014中国室内设计年鉴（2）

《中国室内设计年鉴》编委会

辽宁科学技术出版社

目
录

酒店

商业
展示

Business Display

娱乐
休闲

Entertainment Leisure

CONTENTS

本案为坐落于城市新区的宅邸，有着半山坡的绿意相伴，客厅落地窗带来广场的辽阔视野。考虑屋主姐弟与母亲同住的实用需求，力求艺术生活化、生活艺术化，最终择以现代巴洛克为基底，以其独有的收敛与狂放，铺陈空间每处轴线。

尚未进入玄关，一座艺术作品灵动而立，既巧妙掩饰了半弧形缺角，又以生动的童稚神情带来活跃的生机。右侧切入高耸柱式与圆形顶盖，视觉猛然挑高，豁然开朗。经典的黑白纯色打底，定制家具，配合景泰蓝珐琅与定做琉璃，东西文化灵活互动。客厅有别于玄关的单纯配色，中央大胆置入以艳紫、宝蓝与金黄三者交织而成的地毯，强化了简约与繁复的冲突美感，亦流泻法式皇家的堂然大度。

抬眼向上，一盏华丽的银色花朵灿烂夺目，这座取材自苗族银饰的大型艺术品，为玄武设计与当代艺术家席时斌共同创作，外围采用鸢尾花意象，曲折花饰包复核心，间隙镶嵌彩色琉璃，使打底的银灰色更显时尚。上缀羽饰的大型银环绕着核心缓缓移动，隐喻着天文学——恒星与行星的概念。

设计单位：台北玄武设计

设计：黄书恒

参与设计：欧阳毅、陈佑如、张铧文

软装布置：胡春惠、张禾蒂、沈颖

面积：490 m²

主要材料：银狐、黑白根、镜面不锈钢、黑蕾丝木皮、银箔、金箔、拼花马赛克

坐落地点：华南

摄影：赵志诚

撰文：程歆淳

GI10 HOUSING

GI10住宅案

左1、右2: 天花上一盏华丽的银色花朵灿烂夺目
右1: 黑白色公共空间

穿越廊道进入屋主的阅读空间，两处各以深、浅为底，再各自于细微处呈现相反的色彩诠释。公共区域的门扉使用白色，予人亲近、纯净之感。进入私区则以黑色区隔，带有隔绝、凸显的意义。主客卧房采用一贯的轻柔色泽，再以方向不同的线条勾勒空间表情。主卧简练的长形线板，与金黄床褥、浅蓝地毯相映成趣，减少过度堆栈的冗赘感。其余卧房则以湖水绿、天空蓝为点缀，在纯白、浅灰的基调里，窗帘、床褥与地毯稍有呈现，与牡丹纹床背板的繁复，共谱出屋主悠闲淡雅的生活情趣。

左1: 餐厅
左2: 娱乐休闲室
右1: 私人空间

左1、左2：不同风格书房
右1、右2：不同风格的卧房

设计单位：台北玄武设计
设计：黄书恒
参与设计：詹皓婷、萧洛琴
软装布置：胡春惠、杨惠涵
面积：300 m²
主要材料：钢琴烤漆、黑檀木皮、低甲醛水性木器漆、壁纸
坐落地点：台湾新北市新庄区中央路
摄影：赵志成

步入玄关，中式结合装饰主义的金属墙面熠熠生光，远观可见平滑质感，近看细节之精致让人震慑，两只西洋棋子摆饰分置左右，仿佛透露几许童心。以黑、白铺底的客厅空间里，只拣取少量明色（鲜绿、亮银）点缀其间，并利用上繁下简线条收敛视觉，一如屋主低调奢华的性格，亦利用绒毛地毯、缎布抱枕、窗帘等营造出温暖感。餐厅背景改采棕色木皮沉淀视觉，大幅画作反照出悬吊的水晶灯，形成一气呵成的奢华感。

从餐厅步入阅读空间，设计者选择简练线条的桌椅、石材桌面，搭配一只跃动感的雕饰，于动静之间酝酿无限巧思。步入长廊，分置左右的主卧和其余两卧室，均以素白为底，配合深浅不一的纯黑、浅灰素材，仿佛缓慢推进的背景音乐。大量收纳空间巧妙隐藏于转角、壁面之后，或一体二用，让衣帽间同时具备储物功能。

从色彩、线条到编排，从古典纹理到现代家具，两极之间的来回摆荡，成就了中央公园住宅一案，亦是设计者对于现代生活与个人成就的再诠释。当设计感、实用机

CENTRAL PARK RESIDENCE
中央公园住宅

左1：金属墙面熠熠生辉
右1：黑白色铺底的客厅
右2：餐厅的奢华水晶灯

能与美学三者并行不悖，当各个成员能在家中适得其所、独享共乐，如是人生才是
真正臻于圆满、达于极致。

左1: 阅读空间内使用简练线条的桌椅

左2、右1: 卧室均以素白为底色

右2: 卫生间

03

CHINA Interior design annual
real estate

设计单位: 广州道胜装饰设计有限公司

设计: 何永明

面积: 58 m²

主要材料: 大理石、瓷砖、复合地板、黑色镜面不锈钢、防火板、墙纸

坐落地点: 广东佛山

完工时间: 2013年9月

摄影: 彭宇宪

本方案运用"蒙德里安红黄蓝的直线美"为元素,采用大小不等的红、黄、蓝创造出强烈的色彩对比和稳定的平衡感。

画面由长短不同的水平线和垂直线分割成大小不一的正方形和长方形,并以粗黑的交叉线将他们分开,在正方形周围用各种长方形穿插,那些原色以及黑、灰、白的对比、排列就像音符旋律中的变化。

家具上运用原木来增加空间的自然与和谐,传达出悠闲自由的生活方式。饰品、挂画、地毯等都细腻地延续着蒙德里安元素,色彩大胆跳跃。在儿童房中,有趣的墙贴和一旁地上的玩具,诠释出儿童开朗活泼的性格。主卧在色彩丰富的墙面和地毯上,用素雅的浅灰色来中和过渡,让丰富的空间同时也能稳重不浮躁。使整个空间和谐而有变化,如同一首音节长短起伏,但却有自己主旋律的歌。

A3 SHOWROOM BUILDING 8 POLY SANSHAN SEATTLE NEWTOWN

保利三山新城西雅图8栋A3样板房

左1: 大小不等的红黄蓝色创造出强烈的色彩对比和稳定的平衡感

右1: 餐桌

左1: 白色厨房

左2、左3、左4: 大小不一的正方形和长方形被粗黑的交叉线分开

右1: 书房

....
CHINA Interior design annual
real estate

这个家，倾注着我们很多的情感，每个人都想有属于自己的房子，自己布置，设计成有自己印记的空间，能体现自由生活的方式。

本案要求体现"家是放松和休息的地方"。空间采用简约的现代处理手法，点、线、面流畅衔接，整体用色高雅和谐、空间自然优雅时尚。强调突破旧传统，创造新功能，重视功能和空间组织，注重发挥结构本身的形式美，造型简洁。采用合理的构成工艺，尊重材料的性能，讲究材料自身的质地和软装配置效果，从细节处增添了空间的阅读层次。

采用方正平和的空间结构，以天然的木材、大理石、乳胶漆为主调，淡雅而不张扬，给人以舒适的感觉，使空间与人达到共同的成长与变化。灵动的灯光或精或细，刻画在细节时或放或纵，挥洒在空间之中，让自由、爱、希望在空间中自由蔓延。空间的自由就像可以四处流动的水，虽然没有固定的形状，却能适合各种形状的需求。

在这里空气可以穿透心扉，照射到室内的每一个角落。如此纯净、自由、让丰富的

设计单位: 温州市华鼎装饰有限公司

设计: 项安新

参与设计: 倪伟锋

面积: 210 m²

主要材料: 乳胶膝、实木地板、柚木墙板、铁艺、地毯

坐落地点: 温州市鹿城区龙泉巷荣华楼

完工时间: 2013年6月

摄影: 姜销余

FREEDOM HOUSE

自由之家

设计语言得到释放，让每一颗躁动的心灵静默。

赋予空间最明亮的视觉，立面规划简洁清晰。尤其是客厅背景墙上整副挥洒自如的水墨画，别具感染力。汲取传统结构式设计，客厅、餐厅、休闲区、书房相互自由串连流动，让大空间打开彼此的拘束，活动由一空间延续到另一空间，没有勉强也没有刻意只伴随自由的气息。主卫采用柚木优美的墨线，整体围拢成自然纹理，使整个空间表现得淋漓尽致。

中式语言新装呈现，中式椅子、生漆书桌、错位导台、角几及中式装饰，简约但线条均可见中国文化的经典韵味，使装饰元素之间相互呼应，一环扣一环。开敞的空间带来通透的视觉效果。

本案是简洁、实用、美观，兼具个性化的展现。每一个元素都渗透在其中，将简约的浪漫情怀与现代人对生活品质的细腻追求完美融合。带来惬意自由的享受，让心灵在这片空间得到最纯粹的释放。

左1、右1、右2: 各空间可自由串连流动

左1、左2: 明亮的空间
左3: 客厅背景墙上是整幅挥洒自如的水墨画
右1: 柚木围拢成自然的纹理
右2: 纯白卧室

05

CHINA Interior design annual
real estate

整个空间设计奉行现代主义建筑的形体，通过形体的穿插，设计师的特意设置让空间流动起来。简单的立面与精致的材质，纵横交错的垂直水平立面建构出形体的简洁与纯粹。空间里的形体构成，模糊各区使用功能空间的定义，营造宽广的空间视野。巧妙地利用镜面反射，让空间得以延续，使室内空间产生很大的张力。

有了空间的定义，让设计师在选择灯饰与家具搭配的同时，展示主人对现代主义的钟爱与品位。素色纯白空间特别能衬托出灯饰与家具的质感，恬淡却不乏灵气。

设计单位: 佛山硕瀚设计有限公司
设计: 杨铭斌
面积: 93 m²
主要材料: 木饰面、铁方管、乳胶漆、镜面、木地板
坐落地点: 广东佛山
完工时间: 2013年12月
摄影: 欧阳云

M J HOUSE
慢·筑·轻·活

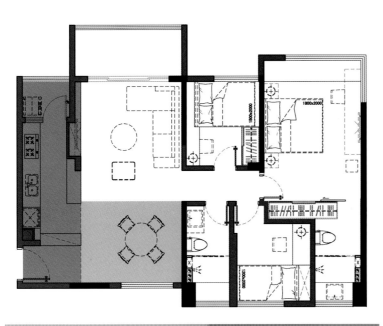

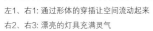

左1、右1: 通过形体的穿插让空间流动起来
右2、右3: 漂亮的灯具充满灵气

06

CHINA Interior design annual
real estate

设计单位: PINKI品伊创意集团&美国IARI刘卫军设计师事务所
设计: 刘卫军
参与设计: 梁义、卢浩
面积: 580 m²
主要材料: 爵士白大理石、新月亮古理石、仿古砖、仿古木地板
坐落地点: 湖南长沙
完工时间: 2013年7月

这是一曲经典的巴洛克古典艺术与现代生活交融的精神乐章。主要针对有着浪漫情怀、向往西方灿烂文化的成功人士以及有着西方生活经历并热爱西方古典艺术的人们。

拮取欧洲文化中巴洛克风格的奢华、高贵，结合现代生活的细节元素，赋予本案灵动鲜活的生命形态，让人们在奢华中感受舒适宜人的居住环境。设计师坚信成功的设计是贴近人性、融入生活的。将生活赋予的情感撞击到一起，宛若一曲华丽的咏叹调。

从生活的角度出发，立体化地为生活提供最优质的环境。从地下娱乐厅到豪华影音室，从酒窖到会客厅酒吧、宽敞的泳池、舒适的庭院，在功能上给予本案最具特色的布局、让人们在家中体验一站式高端生活。在功能丰富的同时，巧妙地联动每一个空间，跟随生活的节奏并贴近生活，感悟奢华与安逸。

采用细节线条铸造立体结构的手法，配合皮革和金属感材料的使用，展现出奢华、

BAROQUE LOVE SONG

巴洛克恋曲

强势、精美绝伦的室内空间。在白色温柔里，那些带着闪光弧度的古典元素、经典雕刻，高贵且细腻的面料，无不在衬托着欧洲古典文明与现代生活的奢华与精致。这一法式浪漫气息浓郁的样板间，自开放时，便吸引来了相当数量的客户过来看楼，并且成交量甚是可观。

左1: 庭院
左2、右1: 复古客厅

左1: 餐厅
左2: 娱乐休闲室
右1: 华丽的顶面和地面相互呼应
右2: 主卧空间
右3: 华丽的卫生间

07

CHINA Interior design annual
real estate

设计单位: R3瑞·室内设计有限公司
面积: 1500 m²
主要材料: 大理石、彩色玻璃、手工地毯、铁艺木护壁板
坐落地点: 浙江省嘉兴市
完工时间: 2013年10月
摄影: 潘宇峰

售楼厅和样板间的设计要点在于合适的情绪氛围营造，在客户心中引发共鸣，激起构建美好生活的愿望。嘉兴位于江浙沪的腹地，这一带的人们对于沪上的气质总有说不明的热络。我们尽力揣摩沪上在人们心中的体验，表达自己的理解，好像一部穿越剧，混合了江浙的特质，混合了东西方元素，混合到后来，表现出了独一无二的上海。

混合是件奇妙的事情，在这份混合里，充满了自由和创造，无所谓哪一种风格，无所谓某种程式，只有一些体验的传达，一些憧憬的素描，一些向往的勾勒。这就是我们的定位：非具像的定位，一份撩人的带着诱惑的，预留了大片想象空间的定位。高耸大厅的仪式感、洽谈区厅堂的优雅感、影音室的端庄感等，只任由华尔道夫酒廊缭绕的雪茄烟雾在心头忽隐忽现，彩色玻璃滤过的光线随意洒落。期愿行走在简约都市感和神秘东方气息的样板间，戏剧性的场景对比纵容情绪的滋长，混合感与非具象的体验激发想象力的驰骋，怀揣一份悄然的欢喜。最具诱惑力的往往是想象。

XIANGGELI SAMPLE HOUSE
香格里样板房

变奏曲的主题是平衡。在品质与效率之间寻求尽可能的平衡，在定制和选购之间找寻平衡。家具灯具和各种陈设是体现细节营造氛围的主体。饱含实验性的定制总显得仓促尴尬，能造出大致的轮廓，实在的韵味却遥遥不可触及。我们的工作时刻处在动态的节律中，恍如一首以平衡为主题的变奏曲。

什么样的过程有什么样的结果，香格里项目最后的呈现也是一首变奏曲。

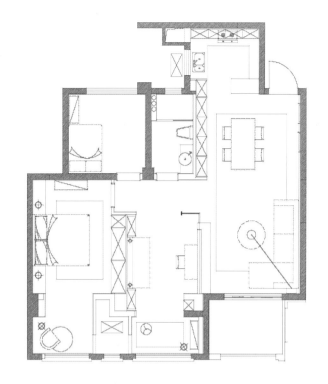

左1: 通透的客厅
右1: 餐厅

左1: 淡雅的灰色是主色调
左2: 儿童房
右1: 卧室

CHINA Interior design annual
real estate

设计单位: 朱永春设计有限公司
设计: 朱永春
面积: 270 m²
坐落地点: 南通市
完工时间: 2013年7月

设计师在处理住宅项目时，依然执行的是公共空间的设计流程和管理标准，讲究严谨性和系统化，在机电、空调、音响以及隐蔽工程的功能性与装饰性的结合上着墨尤多。

替"脏乱差"留足"后台"，才能为"雅洁美"创造"前台"。不管什么项目，在空间规划上，设计者每每都要给他的业主灌输这样的意识。而今天这样一套寓所，不像别墅或酒店套房，"后台"有限，只能靠设计者发挥"化整为零"的特长，将设备、杂物、藏品巧妙分装到各处，然后隐蔽、装饰成"非橱柜"。

而所谓的出彩之处，在这里不是一眼就能望到的，只有对照"历史"——原建筑的局限和业主的诉求——才会慨叹设计的不凡；也必须具备不凡的品味，才会咀嚼出这间寓所的味道。在一种和空间相匹配的生活方式下，设计的价值方能充分体现。

GONNIE'S APARTMENT
君邑寓所

左1、右1: 客厅
右2: 大幅镜面延展了空间

左1: 开放式厨房和餐厅连成一体
右1、右2: 整洁有序的卧房
右3、右4: 卫生间一角

设计单位: 维斯林室内建筑设计有限公司
设计: 廖奕权（Wesley Liu）
参与设计: Eric Lau
面积: 114 m²
主要材料: 木、烤漆、玻璃
坐落地点: 香港跑马地乐活道18号乐陶苑
摄影: Wesley Liu、Kenneth Yung

VILLA LOTTO
跑马地乐陶苑

户主想要争取和家人相处的分秒，不欲被区域的界线阻隔，于是客餐厅的规划有别传统的左右式分割，单纯地变成一共同空间，以达到无拘束而轻松的闲适共融氛围。

顺着玄关进入，餐桌椅、小孩书桌、沙发一字排开，无论是用膳、做劳作、看电视、谈天都能和同一区域的家人互动，并以家具的不同比例和色彩营造出层次，活泼了素白的环境。将电视收藏于两张大小不同的桌子之间的一座红色升降柜内，既可减少诱惑，半腰的设计也让视觉能自由延伸。厅区的吊灯以不同款式的木桶作灯罩，通过创意赋予灯具新的样式。

一边墙营造了一整列兼具层格和抽屉的储物柜组，气势磅礴能收纳不少杂物，切割的框格完美地融入内置的装饰，以大小表现出像画框的意境。其中一道木饰面的门打开后可通往睡房区域，其尺寸巨大，为的是掩饰狭窄的走廊，造成空间宽阔的错觉。厨房位于玄关入口旁，改以轻巧的浅蓝色玻璃间隔，打造现代利落的开放式厨房，亦让光线穿透，使玄关显得明亮。工作台面后以深色木饰面作储物柜门，也隐

左1、右1: 客餐厅规划不再公式化，而是结合成一共同空间
右2: 孩子房与走廊间以五彩玻璃间隔

藏了工人房的门扉。

沉稳而优雅的主人睡房由两房合并，十分宽敞。开房门先见工作区域，善用墙身造了L形书桌连柜组，并以半开放式安排相连的卧眠区，用夹铁丝网的磨砂玻璃作为间隔的门房，让书房与走道保持通透而开放的空间感。浴室用清玻璃和镶嵌清镜的洗手台面分隔开来，以苹果木作座厕趟门，建构了舒适自然的环境，清晰的木纹亦润了视觉享受。孩子房最特别是以彩色玻璃取代部分墙身，无论窗外天气或阴或晴，只要有光线从中透出，在走廊总能看到一道温暖的虹，使人会心一笑，也方便户主随时察看孩子。

左1: 卫生间墙身使用云石呈现干净利落的质感

左2: 红色台面够抢眼

左3、右1: 素雅的卧室

10

CHINA Interior design annual
real estate

设计单位：何宗宪设计公司
设计：何宗宪
参与设计：Douglas Fung、Althea Lee
面积：186 m²
坐落地点：香港
摄影：Dick Liu

山峦PEAK VIEW

山峦Peak View

本案是为女主人及年迈的父母而设的全新居所，设计师以"幸福的原点"出发，利用邻近的自然环境，融合成为住宅的一部分。

本案位于香港的中半山区，与著名金融中心所在地相邻，却又是城市中心的绿洲所在。设计师通过山的场景，令从事金融工作，日常会面对极大压力的女主人，在回家后得到身心上的充分舒缓。把原来的阳台位置改为室外客厅，眼前一片绿油油的意象，成为舒适惬意之所在。

依据山的走势与风景，把餐厅与客厅整合在一起，使空间功能的界线巧妙而自然，背景墙运用帷幕式的造型，带出布幕般的涟漪感觉。自然的地面石材，柔和的天花墙纸，配合金黄色的吊灯，加上随意的桌椅衬托出流畅和雅致的用餐氛围。客厅里预留大量种植空间，使住户成员透过栽种植物达到另一层释放心情的方法。

住户每天醒来拉开窗帘，也可看到山麓的景观，达到放松心情的目的。书房与卧房的位置重迭，不单在使用时更为方便，亦使外围的景致得以延续。书房亦加上了花

卉画像的布置，与花形图案墙纸一起呼应主题，营造出自然气息。对于父母的房间并未投放太多的流行元素，反而是把重点放到细部着墨，放大舒适度的比例而多于花巧的装饰。

如中国水墨将"设计感"隐匿成留白，不着痕迹，而人的所处所感，只有无与伦比的自然舒适。

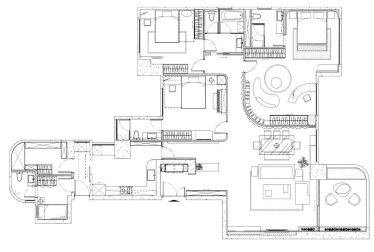

左1: 背景墙运用帷幕式的造型
右1: 餐厅与客厅整合在一起
左2、右2: 空间里预留了大量的绿植种植空间

左1: 书房的花卉装饰

右1、右2: 户外的美景尽收眼底

11

CHINA Interior design annual
real estate

此高档豪宅位处北京西山环，为融创房地产公司在北京的大型住宅项目。本次设计的样板房是整个项目的最后一期，地理位置更加优越。为了配合建筑外形，采用了现代中式风格，以大器内敛且具文化色彩的取向营造震撼力，色调以米白色为主。项目设计注重造型比例和对景，软装与硬装之间的平衡点尤其重要。家具选材以舒服休闲并富生活气息的配搭为主，并且在硬装细节上精心推敲，十分到位。所有软装以现代东方色彩为主角，装饰摆设成为整个豪宅的点睛之笔。本案最终获得了甲方的高度认可。

设计单位: PAL设计事务所
设计: 梁景华
面积: 200 m²
坐落地点: 北京西山环

NO.1 WEST CHATEAU BEIJING SHOWFLAT

北京西山一号样板房

左1: 现代中式风格的客厅
右1: 天花和地面相呼应

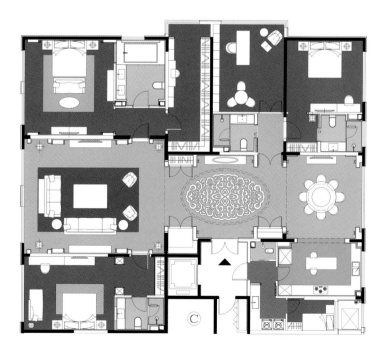

左1、左2: 门上和地上的中式符号
右1: 厨房
右2: 卧室

CHINA Interior design annual
real estate

本案为拥有一线海景的复式滨海大宅，有着无可比拟的景观优势。在平面布局过程中，如何令格局开敞、通透，把自身最具优势的景观引入室内，成为非常重要的设计因素。

一层公共区域，客厅与餐厅间的开敞格局，使两个相对独立的空间形成互动，令景观更多地引入，在无形中扩大了空间感。主要卧室及相对私密的休闲区设在二层，对比一层的"动"，二层凸显了更多的轻松与安静。

材质的搭配上，运用了大量的木元素，与丝、麻及部分有着漂亮肌理的石材相结合，营造轻松、休闲又不失亲切的滨海大宅气质。

设计单位: 于强室内设计师事务所
设计: 于强
面积: 381 m²
主要材料: 月影木饰面、白色亚光漆、纯白人造石、黑砂钢
坐落地点: 深圳市南山区
完工时间: 2013年6月

GARDEN DUPLEX APARTMENT OF HONGSHU WEST COAST IN SHENZHEN

深圳红树西岸花园复式公寓

左1: 餐厅
右1: 窗外是无敌海景

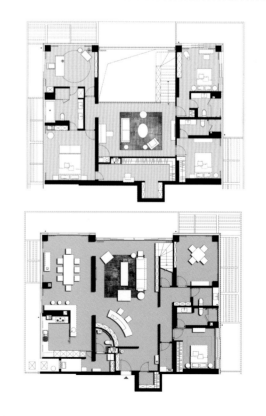

左1: 安静的书房
左2: 轻松的休闲区
右1: 舒适的卧房

13

....

CHINA Interior design annual

real estate

设计单位：北京居其美业室内设计有限公司

设计：戴昆

面积：1242 m²

主要材料：护墙板、壁纸、石材、地毯、局部拼花木地板

坐落地点：北京朝阳区国奥公园东

完工时间：2013年9月

摄影：付兴

本案设计风格定位为欧洲新古典主义风格，同时融入多元化的元素，强调造型细腻、空间分割、层次的丰富及细节的处理。户型拥有方正的格局、极其对称的轴线和各空间美妙的组合关系。材料的选择上追求自身的精致完美，并最终与软装共同营造出一个富有格调的美好空间。

入口门厅以一件精美的法式桃花心木贴皮的玄关柜启示了整座大宅的品味，其上装饰做旧镜面和大花艺，寓意花开富贵。客厅中央一尊大体量的石材壁炉，搭配着雪茄色木作护墙板，带来浓郁的历史气息。采用素雅的灰绿色调，色彩相对饱和的块毯富贵且不张扬。家庭厅位于整个大宅的中轴线末端，是整座大宅的核心。加之先天的挑空优势和采光条件，夸张慵懒的美国顶级家具富有贵族气息，一张精美的锈红色波斯毯，蓝底红鸟的嵌布画，将这种氛围推向高潮。餐厅空间是带有些许法式味道的一个重要空间，作为餐厅的对景有意识地在过廊增加了一个小玄关空间，陈设品在一块墨绿色手绘真丝壁纸的衬托下韵味十足。如果说客厅体现的是男主人内

BEIJING RUNZE IMPERIAL MANSION SAMPLE HOUSE

北京润泽御府样板房

敛庄重的气质，那么餐厅更接近女主人端庄优雅的气质。

通过主卧正圆形玄关，踏着绽放的精美石材拼花，首先映入眼帘的是深邃背景下的雕花高背大床，配合地面拼花木地板及高品质家具营造出奢华丰满的气势。通过运用多种材质，如丝绒、绣花亚麻、真丝等使空间平添了富贵气质。地下空间提供了多种娱乐空间，也提供了商务娱乐的可能性。最大亮点在于室内泳池，连续的落地窗宽敞明亮，户外绿色映入眼帘，使人心情舒畅。舒服的灰绿色贯穿地下一层的空间，SPA 间也延续了这样的绿，但是颜色更加柔和，配上淡淡的檀香。

· ·

左1: 外景
右1: 挑高的客厅
右2: 优雅的餐厅

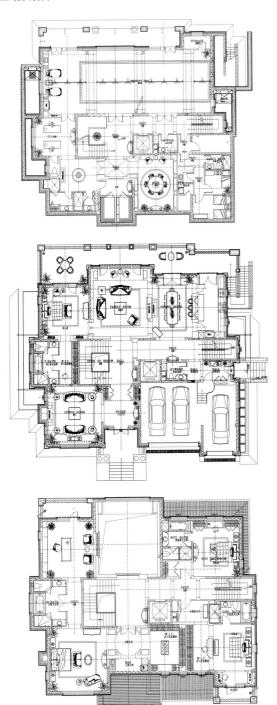

左1: 蓝色拱门
左2: 厨房
左3: 宽敞明亮的室内泳池
右1: 阁楼
右2、右3: 卧室内高品质的家具

14

CHINA Interior design annual
real estate

设计: 琚宾
面积: 650 m²
主要材料: 桃花芯木、米黄石、白玉石、钨钢、壁纸、铜
坐落地点: 重庆
完工时间: 2013年10月

去城西北三十里，沿途山坳翠欲滴。林中乱眼渐欲迷，惊现波光平沃野。疑是身临近瑶池，君道梦回曾至此。承山起水苍茫地，茫茫烟波淼淼去。踏水循迹龙台寺，龙可上天寻仙女？独留一方香瑶池，沃及三乡稻黍黎。

桃花源是陶渊明笔下的中国古代文人的理想隐居处所，随着社会的快速发展，奢华的物化慢慢取代人类的精神世界，而世外桃源的"采菊东篱下，悠然见南山"的回归自然，重回过去，回到原点的内心归隐一直是东方美学的主导。

我们的项目就位于黎香湖这样一个现代桃花源。隐在湖边，归在田园。我们用东方美学的六种心境表达沉潜而温润的空间气质。

美心：将自然的意境与当下的生活方式结合，将文化精粹的元素融入到生活中。美学与自然的和谐统一，形成静谧悠然的心境。

德心："重回经典，回归传统"是中国美学所追求的方向。因此我们把宋代文化意境作为设计的灵魂，"东方当代的度假生活成为我们的设计引导。形成扎根于传统

CHINA OVERSEAS LIXIANG LAKE SAMPLE HOUSE IN CHONGQING

重庆中海黎香湖样板房

的共识。

创心：历史的情怀、时尚的气息使得这里散发着一种个性与共性、复杂与多元并存的"集古"气质。因此我们也把这种东方空间的气质美学与地域的矛盾性、文化的复杂性融合在项目设计中使之得以共融共生。

精心：精致的细节，雅致的氛围，每个视线或山色或湖景，让人沉浸在悠然的山居度假气氛，置身黎香湖的优雅情景中。

艺心：东方文化背景为出发点。力求将美感由各个饰品的内部散发出来，从而将空间渲染出一片蕙质兰心的东方风韵。时尚的软装搭配，融合传统纹样与精致的面料，形成现代触感。将传统工艺与当代结合的艺术作品，透露出当代东方的情怀。

匠心：精致的收口细节，木、石、金属的运用，精湛的制作工艺，东方细腻的独具匠心与西方顶尖的巧夺天工被完美融合在该项目之中，从而呈现出一个人文美学同时又具有国际化视野的空间。

· ·

左1: 客厅
右1、右2: 中式隔断

设计单位: 萧氏设计

设计: 萧爱彬

参与设计: 赵凯、肖海鹏

面积: 260 m²

主要材料: 地板、玻化砖、大理石、玻璃、乳胶漆

坐落地点: 苏州周庄

完工时间: 2013年6月

ZHOUZHUANG SAMPLE HOUSE

周庄样板房

喧嚣的世界需要宁静的空间，黑白世界需要色彩点缀，餐厅挑空那映入眼帘的活跃颜色，正是男人沉稳世界中家人的欢声与笑语。

本案以黑白简约风格为基调，以沉稳、恬静、稳重为主，构筑出喧嚣大海中一叶爱的扁舟。餐厅蓝黄顶面挑空的处理将上下空间串联起来，既是黎明前的一缕阳光，又是孩子的欢声笑语，让一切充满快乐和希望。

餐厅通透的处理使整个空间功能最大化利用的同时，又使整个空间浑然一体相互联系。黑色扶手让视觉向上延伸，开放的衣帽间偷偷藏在主卧床头背景后面，统一的材质让简洁的空间展现多元的表情。相机时刻记录我们的努力、孩子的成长、父母的慈祥、宁静和快乐的时光、还有那爱的岁月........

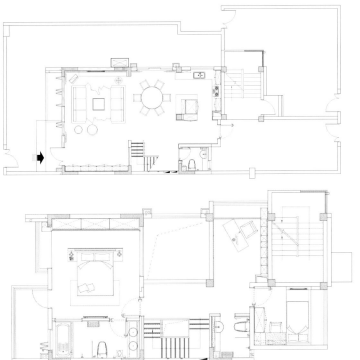

左1: 客厅
右1、右2、右3: 跳跃的蓝色好似家人的欢笑

左1、左3: 书房整面的书柜
左2: 楼梯的黑色扶手
左4: 衣帽间藏在床头背景后
右1: 简约黑白色

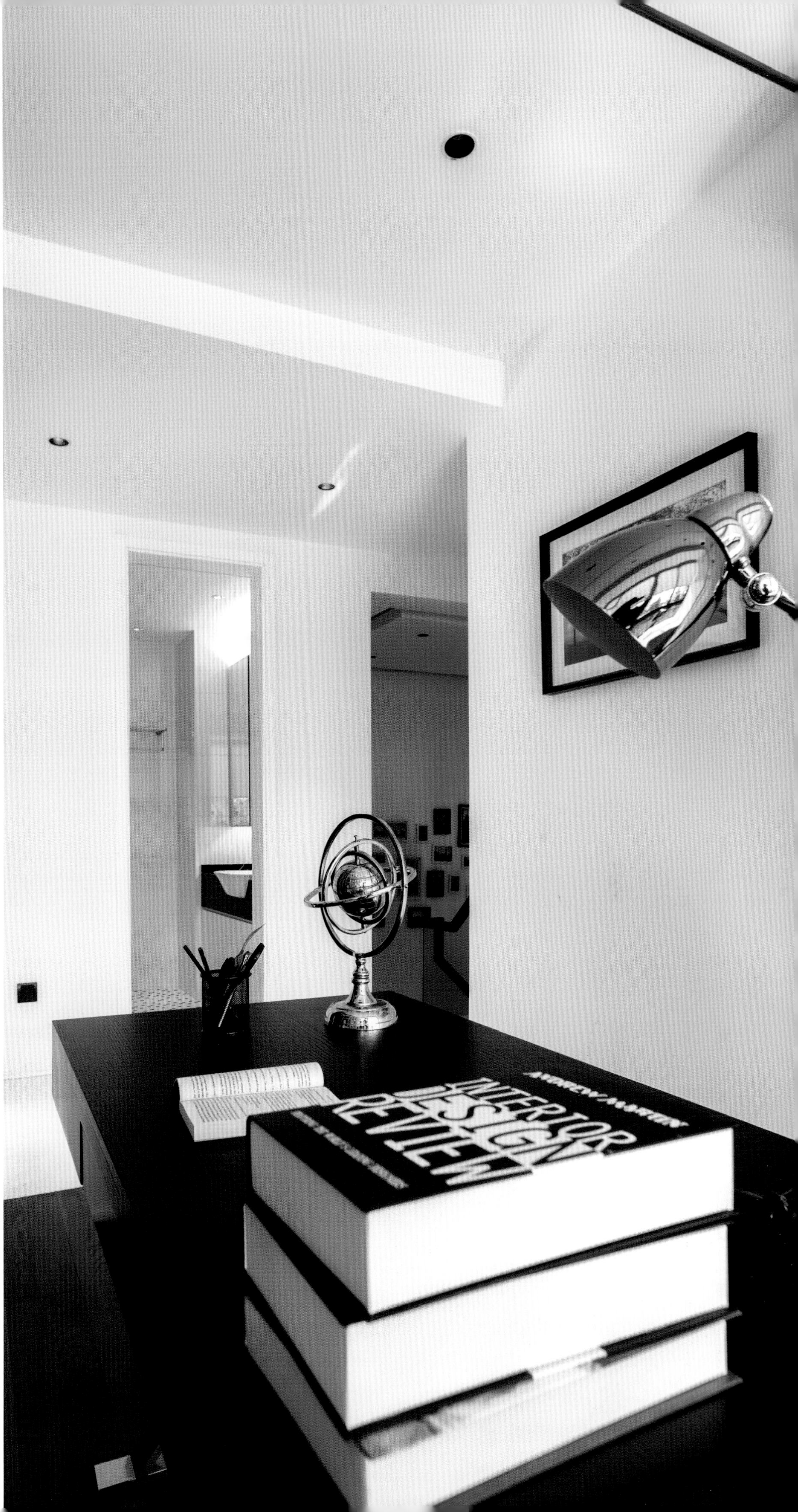

设计单位: 梁志天设计师有限公司
设计: 梁志天
面积: 592 m²
主要材料: 白枫木饰面，墙纸，银灰洞大理石，雪花白大理石、白枫木三拼地板
坐落地点: 苏州吴中区通州路
摄影: 陈中

有别于一般的住宅设计，别墅空间相对充裕，而且地理环境优越，能为户主提供高质量、具私密性和多功能的空间，因此"以人为本"的设计尤为重要。棠北浅山别墅坐拥秀丽的湖畔景致，户户临水，得天独厚，在梁氏的现代设计手法下，透过优雅细腻的布局，融合秀丽宜人的天然湖景，为户主打造高级定制的尊贵品位空间。

梁氏充分发挥此项目的地理优势，以素净高雅的米色为主调，客厅布置优雅简约，以具肌理感的浅咖色软包墙身配合银灰洞石地台，为大宅奠下雅致时尚的格调。餐厅延续高雅格调，以优雅的 Giorgetti 扶手椅搭配长型餐桌，加上黑钛钢饰框的酒柜及开放式西厨，让户主在轻松愉悦的环境中细细品味生活。同层的书房以浅色皮革及枫木为主材，搭配 B&B Italia 座椅及经典品牌灯具，营造舒适恬静的工作空间。

睡房床靠背景墙以浅蓝色软包饰面，配上茶镜造型框及华丽的水晶灯，加上 Giorgetti 系列家具和红酒吧，打造高雅趋时的空间氛围。踏着银灰洞石地台进入浴室，枫木饰面的独立浴缸及台盆柜搭配浴室镜面电视及桑拿蒸汽机，打造时尚奢

TANG ISLAND SUZHOU
苏州棠北浅山别墅

华的卫浴体验。睡房以深色木饰面墙分隔卧室与工作间，配合宽敞明亮的落地玻璃窗，增强睡房的实用性和通透感。一体化设计的大床搭配造型独特的黑色单人座椅及 Flos 落地灯，以鲜明的色彩对比凸显优雅的时尚韵味。

地下层的娱乐设施齐备，浅色进口木地板配衬台球桌及吧台，局部饰以深色皮革及灰镜，丰富整体的视觉效果。推开两侧的木饰面移门，可将台球房、酒吧和影音室连为一体，方便举办各式派对及娱乐活动，让户主尽情享受矜贵非凡、品味盎然的生活方式。

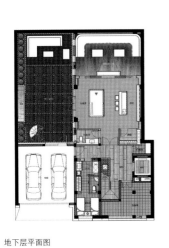

地下层平面图

首层平面图

二层平面图

左1: 外景
右1: 雅致客厅

左1、左2: 精心布置出的风景

左3: 餐厅

右1、右2: 具有通透感的卧室

CHINA Interior design annual
real estate

设计单位: 尚层装饰 (北京) 有限公司
设计: 桂涛
配饰设计: 李露露
参与设计: 王然、范存峰、杨元、王东亮
面积: 125 m²
坐落地点: 北京市房山区云岗路

本户型为山语城项目主力户型的顶层，有挑空。原室内面积 125m²，改建后为 208m²。设计时由开发商加建阁楼，既展示标准层的布局，又给顶层的户型加建做了借鉴，有助于开发商的销售。总体风格定位为美式田园，在设计中尽量去表现一种轻松悠闲的生活状态，于是这间具有浓烈清新之风的乡村家居就呈现在了眼前。

色彩上是能够体现自然明亮的蓝色和黄色，身在其中，似乎瞬间就站在了乡野间，戴着帽子眯缝着眼睛看着远处飞翔的鸽群。

客厅以白色为基调，辅以蓝色以及不同肌理的材质，营造出明亮干净的空间效果。美食可以抵达内心最深处，干净的餐桌和地面，摆放整齐的餐具，加上那两株新鲜的花，就像在大自然中沐浴阳光。这样的进餐环境怎能不让人心神荡漾。美食诞生之地在厨房，除了干净统一的橱柜以外，百叶窗上别出心裁地加上一条幔帘，顿时让柴米油盐酱醋茶的空间变得生动活泼。蓝、黄色都给人亲近和明亮之感，好像就算手艺不过关也没有关系。

SHANYU CITY C2 SHOWROOM

山语城C2样板间

很多人都向往拥有这样的书房，一个低矮的木制屋顶，不同于传统中式的造型，天窗虽小却又能洒进来足够的阳光。除了"别致"这个词以外，还能找到第二个词语吗？楼梯的角落被充分利用，简单的沙发和一个乳白色的茶几，既可以和朋友在这里愉快聊天，也适合独自阅读沉淀。床铺和抱枕的颜色柔和温暖，整体统一的哑色搭配让整个房间充斥着淡淡的温馨。时间在这里仿佛停止，正好就用来思考吧。

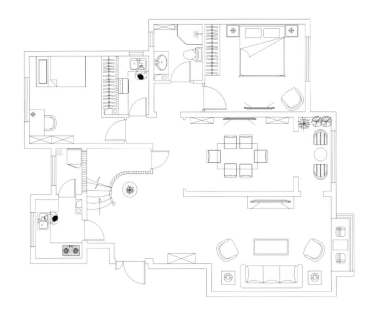 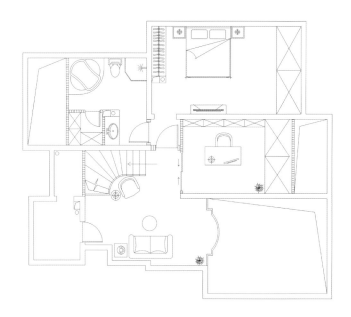

左1、右1: 客厅以白色为基调，辅以蓝色

左1: 明亮的餐厅
左2: 百叶窗加上柔软的窗幔
右1: 玄关
右2: 楼梯的角落
右3: 色彩缤纷的儿童房

左1: 客厅一角
左2、左3: 童话般的阁楼
右1: 素雅卧室
右2: 卫生间

CHINA Interior design annual
real estate

设计单位: 福州林开新室内设计有限公司
设计: 林开新
参与设计: 余花
面积: 380 m²
主要材料: 实木、大理石、肌理涂料
坐落地点: 福州
完工时间: 2013年12月
摄影: 吴永长

当下的生活已在不经意之间被我们复杂化了，多余而繁盛的设计常常会掩盖生活本身的使用需要。对于真正理解生活本质的现代人来说，更倡导内心与外物合一的简素美学主张。人们对空间设计的追求已不再单单是为了满足居住的需求，更侧重于精神层面的追求。"有些东西虽然在城市里消失了，看不到了，但是我回到家里还可以看到"、"虽然钢筋水泥的城市和紧凑的生活节奏让我们疲于应对，但是回到家，我便能拥有一个不受干扰、自然放松的港湾"。这便是现代人的最迫切的心灵诉求。

庄子说："天地有大美而不言。"本案的设计以自然、人文、度假为主题基调，同时依托当代的设计手法，用清雅低调的美感、沉静平和的气度，来表达东方文化的精神格局。设计师从项目的地域环境、楼盘特色、人文精神出发，通过精细的考量和规划，采用大量的"最有温度、最有感情"的木质元素和天然材质，力图打造出一个充满自然气息和人情味的空间。设计师直取设计的本质，表达出空灵之美，给人以遐想，使人从表面的艺术形态中超脱出来，品味出幽玄之美，从而远离都市的喧嚣。

CHINA·GUIGU 1604 SAMPLE HOUSE

中国·贵谷1604样板房

左1、右1: 空间以朴素灰色调为主

左1、左2、左3: 采用大量最有温度的木质元素和天然材质
右1: 卧室
右2: 卫生间
右3: 静幽之美

19

CHINA Interior design annual
real estate

设计单位: 广州道胜装饰设计有限公司

设计: 何永明

面积: 2280 m²

主要材料: 大理石、人造石、文化砖、木饰面、生态木、玫瑰金拉丝面不锈钢、黑镜钢拉丝面、夹丝玻璃、铝镀黄铜管

坐落地点: 广东阳江

完工时间: 2014年5月

摄影: 彭宇宪

海，深邃庄重。上至天灵，下至心魂。以宽为广，以沉默为情，以深沉为重，以气势为力。本项目位于阳江银滩，四周环海的条件让整个设计将海的元素以及灵魂延伸到整个室内空间。

整体空间色调沉稳，浅蓝色家具搭配硬装的暖灰色调，使整个空间氛围舒适而宁静。生态木的质朴结合大理石的刚毅，使画面大气之余更显端重，在整个沉稳的气氛中处处流露自然的气息。略带中式韵味的家具与饰品，更突出空间的独特品味。天花上的吊灯好似鱼儿吐出的一串串泡泡，在欢快地游来游去，为空间平添几分雅趣，也仿佛让你置身在宽阔的大海，得到身与心的放松。

在过道中，运用中式传统园林的手法，把单一的大空间分隔成若干个小空间，相互连绵、延伸。用石子搭配木条，创造出自然休闲的视觉效果，简洁的落地雕塑在打破空间沉闷的同时，与周围气氛相得益彰。

POLY·YANGJIANG SILVER BEACH N2 SALES CENTER

保利·阳江银滩N2售楼中心

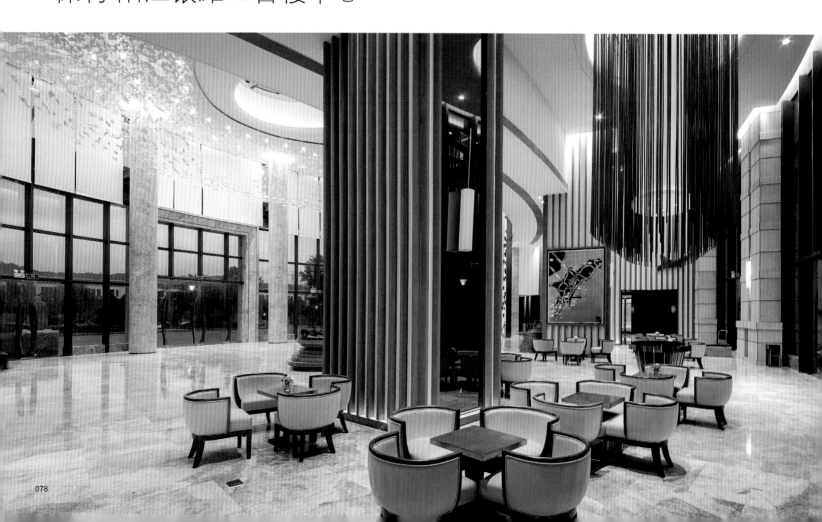

左1: 挑高大厅

右1、右2: 吊灯好似鱼儿吐出的泡泡

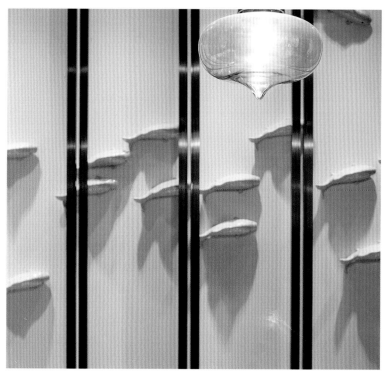

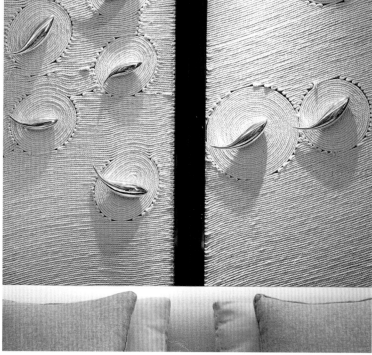

左1: 色调沉稳的空间
左2、左3: 过道被分割成若干小空间
右1: 古色古香的门厅
右2: 鱼儿在墙面欢快地游来游去

20

CHINA Interior design annual
real estate

西溪壹号售展中心坐落在西溪湿地原生自然美景的怀抱中，旨在打造比肩江南会、西湖会等西湖畔会所的杭州首个世界级企业会所集群，汇集私密企业会所、高端商务、休闲娱乐等于一体，考量精英人士商务、社交、生活需求，形成西溪湿地之上的顶级商务群落。

通过精巧的设计，将景观向下渗透延伸，带南北通透的阳光露天庭院，首创"飞地"概念，让建筑漂浮在西溪之上。窗户外面创造性打造数百米空中水景，通过水面与绿植的视线控制，可不受干扰地一览西溪湿地公园全景，创造与西溪的无边接壤，创造既开放又极度私密的禅意观景空间。

设计单位: 杭州意内雅建筑装饰设计有限公司
设计: 尹杰、朱晓鸣
项目面积: 465 m²
主要材料: 水磨石、黑色方管、艺术涂料、黑色铁艺构、藤条
坐落地点: 杭州市
摄影: 林峰

SALES EXHIBITION CENTER, BUILDING 20, NO. 1, XIXI

西溪壹号20号楼售展中心

左1: 外景
右1: 将景观向下渗透延伸
右2、右3: 蝴蝶吊灯翩翩起舞

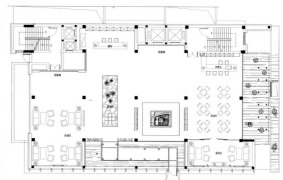

左1、左2、左3: 大气稳重的空间
右1、右2: 既开放又私密的空间

21

....

CHINA Interior design annual
real estate

设计单位: 广州共生形态工程设计有限公司
设计: 彭征
参与设计: 谢泽坤
面积: 263 m²
坐落地点: 广东肇庆
完工时间: 2013年6月

项目位于风景优美的鼎湖山风景区，设计充分利用了现场的地形条件，挖掘基地的场所精神，并受此启发创造出了一个内外统一、曲折有度的独特空间，旨在将场域的地理环境、优美的绿地和景致融入到整个建筑的空间体验之中。

售楼部的设计巧妙地应用了山形折面，以"石"对应山，突出场地优越的地理环境。

室内空间将原本单一的空间分解与重组，其折叠形式与质感呼应建筑外形特征，带来连续的空间体验。室内的家具满足功能需求的同时，如雕塑般与空间特质相得益彰。户外景观广场作为售楼部功能的延伸，将人们的视线带回场地独特的地理环境。

DEFORMATION

变形记

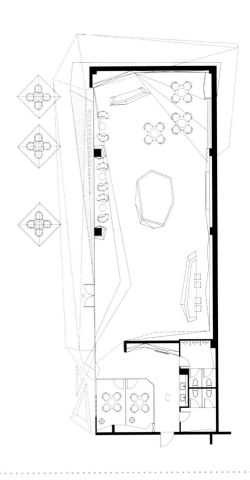

左1: 几何形体的外观

右1、右2、右3: 折叠形式带来连续的空间体验

22

CHINA Interior design annual
real estate

设计单位: 阔合国际有限公司
设计: 林琮然
参与设计: 李本涛、韩强、何山
面积: 1300 m²
主要材料: 回收木材、水泥、黑玻璃
坐落地点: 浙江义乌
完工时间: 2013年6
摄影: 王基守

义乌是全球最大的小商品市场,"创新突破"是这个城市最富价值的本质,以此为基础,勇于突破现状的"幸福里"电子商务孵化园应运而生。业主委托建筑师来打造这一个绿色销售中心,利用旧有厂房进行全面空间改建。面对旧有空间结构上的限制,坚持再利用的概念,并思考后期的功能转换,把空间的使用价值发挥到极致,创立一个全新的中式典范。旧厂房转身化为全新的销售中心,并且将未来会所的功能隐喻其中,设计中更有可持续性的长远规划,并努力创造出一种"小确幸"的参观体验(微小而确实的幸福,出自村上春树的随笔)。

首先为缓解裸露水泥表面的冰冷气氛,添加了温润的木头,两种不同调性的元素在此结合,让建筑表面产生粗粝与细腻的不同光影变化,视觉层次丰富。水泥和木材相互越界,既模糊又突破了建筑景观与室内的界限。平面布局也延伸此理念,加入充满阳光的大厅与垂直绿化的中庭,延伸自然的感受,重新创造出虚与实相构筑的环境。走廊展现出如里弄般尺度的气氛,呈现出一个微型社区独有的生活化和

HAPPY VILLAGE SALES CENTER

幸福里售楼处

人性化的参观体验。在接待大厅为突显空间张力，植入像自家屋顶的大型木折板，对外巧妙地作为入口的视觉焦点，对内由下而上延伸至天花，并蔓延户外景观地面，真正将内外环境融合一体。而偌大的大厅也被木折板区分出两个区域，能够反射阳光的多面木板区域作为交流等候区来使用，另一区域由水泥构成，保留地面与墙面坚实稳重的原始韵味，借由模型沙盘强化了人们勇于追求未来的信念，两者的交汇重新塑造出简约的大气。空间在石与木、虚与实、新与旧之间找到更为内敛微妙的共生，人生是一点一滴抓紧那微小但确实的满足。

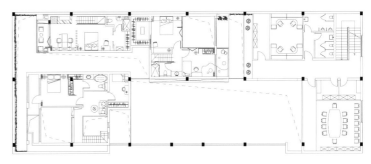

左1: 入口
右1、右2: 为缓解水泥表面的冰冷气氛，添加了温润的木头

23

设计：李益中
参与设计：范宜华、熊灿、黄强
面积：1500 m²
主要材料：波斯海浪灰大理石、银白龙大理石、新月亮古大理石、橡木、拉丝不锈钢
坐落地点：江苏泰州

泰州，别称"祥泰之州"，是一座有中国传统文化底蕴的城市，如何将中国的传统文化融入到现代的设计中去，在现代设计中彰显东方文化禅意，是本次设计的重点。"闲寂、优雅、朴素"作为禅意空间的精神内涵，不仅是空间设计追求的高境界，也是创造素美意境的艺术原则。在构思时，我们不想有过多设计的痕迹，而是采用了"无既是有，一既是多"的设计手法，用物质上的"少"，去追求精神上的"多"。这样的设计体现出对人与自然的尊重，同时又为繁忙的现代都市人打造出一个宁静的栖息之地。

材质。整个空间的营造中选用的大多为温润之材，不仅能适度调整空间的湿度与温度，还可和谐人与物之间的关系，更透射出朴素、内敛的气息。大量的纯色实木地板，带有中国水墨画纹理的石材，都体现了原汁原味的材料质感和自然朴素的审美理念。

光线。以柔和的暖光光源来烘托整体氛围，昏黄的光线配以大量的原木饰面，都给

ZHONGJIAN TAIZHOU SALES CENTER

中建泰州售楼处

人一种温暖的感觉。

形态。并没有直白地来展现东方传统文化的元素，而是统一以现代简约的形式来表达，在部分空间略显东方意蕴。比如一些布艺的屏风，整体的形式是简洁的长方形，在内容上选用现代的山水画作品，从而达到了形式与内容的非对称之美。

色彩。对于整个空间就像一个形容词，在材质、光线、形态都运用得恰到好处之余，色彩的融入起到了一个渐进的作用。

当然，抛开这些外在的设计，整个项目的灵魂在于对空间结构的创新。在不同的功能区域造型高低交错，构图从聚到散，张弛之间都富有层次的变化。在二层区域做了一个中空的空间，采用木格栅作为隔断，使二层与一层之间有个虚实过渡，使得整个空间有了延续性和扩张感。

整个意境就这样贯穿下来，让丰富的设计语言得到畅快淋漓的纾解，静默了每颗躁动的心灵，慢慢去领会其中的东方韵味。

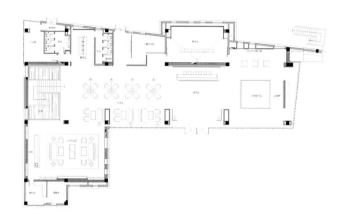

左1: 大厅
左2: 别致的装置艺术
右1: 温润的石材

左1、左2: 休闲区域
右1: 沿阶而上
右2: 室内一角

24

CHINA Interior design annual
real estate

明发新城售楼中心位于南京浦口区总部大道与浦滨路交叉口，是一座以楼盘展示、销售洽谈以及内部办公为功能的钢结构建筑，总建筑面积为1500m²，其中包括了售楼处展示、洽谈、办公区和两间样板单元。由于本楼盘的住宅销售类型为小户型的青年公寓，整个项目的基调被设定为年轻、朝气与活力。

本项目的最大特点在于其建筑设计、室内设计与室外景观均由同一位设计师完成。多年来，我们一直倡导建筑室内与景观设计的协调性与整合性，在本项目中，这一跨界设计的理念得到了很好地探索与验证。在设计中对建筑空间、室内元素和景观配置进行了统一的思考与整合，使之在共同的设计导向下相互影响、相得益彰，同时以统一的曲线形式作为贯穿内外的设计母题，将各个功能区串连起来，形成了相互连贯的空间意象和视觉效果，使整个项目达到了内外通达、一气呵成的良好效果。

设计单位: 南京万方装饰设计工程有限公司
设计: 吴峻
参与设计: 吴淳、孙念珍
面积: 1500 m²
主要材料: 乳胶漆、钢板、转木纹印刷铝板、防火板、水磨石、大理石、木地板
坐落地点: 南京
完工时间: 2013年7月
摄影: 吴峻、花磊

MINGFA NEWTOWN SALES CENTER

明发新城售楼中心

左1: 外观
右1: 明亮的黄色点缀其中

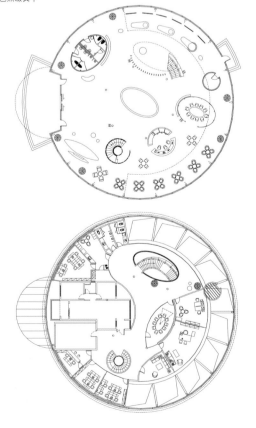

左1: 统一的曲线将各功能区串联起来
左2: 销售洽谈区
右1、右2: 整个项目内外通达

25

CHINA Interior design annual

real estate

设计者把接待中心做成了小型植物博物馆和咖啡厅的样子，因为不想让这个空间看起来太严肃。

铺满墙面的绿色植被俨然是空间中的亮点，植物自然生长所呈现的形态使这面墙看起来犹如一座从平地中崛起的山脉，当叶子随着季节的变换生长成不同的色彩和模样，室内空间的情绪与节奏便也随之变换，打破了人们通常对于售楼中心一成不变的印象。与此设计相呼应的是，另一面陈列着植物生长图解的墙，展示着植物的基本生长规律和过程，让人错以为置身于自然科学博物馆。

墙和书架，设计师依旧选用木质材料，书架上再次以盆栽作点缀，墙面设计了光滑和褶皱两种纹理相配合，使整个空间更具层次感与流动性，透出些“曹衣出水，吴带当风”的美感来。

在家具的选择上则富于变化，融合了复古与现代，冷色与暖色混搭的手法营造出宾至如归却又饶有趣味的氛围。经典的千鸟格纹靠枕和地毯的运用，则于细节处将经典和前卫拿捏得十分相宜，为室内增添时尚感觉的同时，平衡了空间的商务气氛。

设计: 张成喆
面积: 1000 m^2
主要材料: 木饰面、大理石、砖、镜面不锈钢
坐落地点: 南京
完工时间: 2013年12月
摄影: 蔡峰

VANKE JIUDUHUI SALES CENTER

万科九都荟售楼中心

左1、右1、右2: 木质材料被大量运用

左1、右2: 绿色植被墙犹如一座从平地中崛起的山脉
右1: 书架以盆栽做点缀

26

CHINA Interior design annual
real estate

设计单位: WHD后象设计师事务所
设计: 陈彬
参与设计: 李健、傅轶甚
面积: 3500 m²
坐落地点: 武汉
摄影: 吴辉

案场是整个项目中心的一部分，空间高，动线复杂，当下的功能与未来的功能交织重叠，静的会所和动的场馆如何共生并置，整体项目的内涵和特质如何呈现，设计团队必须具备多角度多层次的思考方式，将所有因素都纳入设计视野，而解决复杂问题的最好方法就是把问题简单化，一旦抓住关键核心，就是开启了接近本源的通道。我们尝试着把所得到的信息简单罗列出来，并将其所产生的影响或后果同时列出，看看事实的碰撞可否产生想象的火花?

本案具有如下特点：公共型建筑所特有的高挑空间，建筑楼层关系复杂造成了复杂的动线，高端销售会所和运动中心功能并置，项目坐拥 11 千米曲折湖岸线，近千米的银杏大道成为项目景观卖点，作为高价位的湖畔豪宅客户群定位清晰。将所有这些信息的关键词汇集、分类、对应、消解、弥合、互动、映衬，相得益彰。空间调性渐渐清晰，空间气韵也随之楚楚生动起来。

以水岸线提取的图形元素，在用沉稳调性的石材和温暖触感的木面尽情演绎后，理

OVERSEAS CHINESE TOWN LAKESHORE·EAST LAKE SALES CENTER

华侨城（纯水岸·东湖）销售会所

左1、右1、右2: 统一单纯的木纹饰面减弱了冰冷感

当成为空间大戏，来自自然界的动感韵律与运动主题无缝对接。统一单纯的木纹饰面减弱冰冷感的同时又加强了空间简洁现代的建筑视觉效果。参照星级酒店照明参数设定色温的灯光和藏光设计，丰富了空间层次并迎合了商务氛围。进口石材与特别选定的木面单纯对比，映衬出高品质的物料呈现。专门定制的银杏叶灯饰给动线一个清晰而优雅的空间指向的同时，成为空间艺术品而当仁不让地变为视觉焦点。会所空间中，相关元素被设计团队以艺术化手法达到巧妙的物化呈现，先前的冲突被造型、色调、物料、灯光消解并有机地编织在一起，项目特质清晰地浮现在艺术化的空间中。同时，建筑的雕塑感并未被弱化，反而成为空间的灵魂，空间的主角，吸引着进入者的所有探寻目光。

左1: 沙盘区
左2: 富有指向性的楼梯
左3、右1、右2: 空间沉稳大气

左1: 沙盘区
左2: 富有指向性的楼梯
左3、右1、右2: 空间沉稳大气

27

设计: 梁景华
坐落地点: 上海

位于上海无**锡**市中心的保利达江湾城一期营销中心,以现代奢华风格表现大气的特质,尽现国际大都会的魅力。入口大堂的闪耀亮点为一个山形高10多米,以天然木打造的墙,由贵气的天然云石地板贯穿天花,加上椭圆形的漆面视像室和充满流线型的天花,在天窗透出的自然光源映衬下,天地墙不同质感和物料的组合,令整个营销中心充满大气,令人流连忘返。

在一幅如山的流线型墙身后面设有洽谈区,无论家具、墙身及地面均使用高贵材料,营造富贵的气场。贵宾室亦采用奢华的颜色如米金色,显赫而隆重,配以闪烁的晶灯,增添慑人气氛。射灯产生柔和的光线,加上螺旋式的楼梯,以坚固石材为踏板通往奢华的样板房,制造优良的营销气氛。

LE COVE CITY PHASE 1 SALES OFFICE, WUXI

无锡保利达江湾城一期营销中心

左1: 天然木打造的墙
右1、右2、右3: 流线造型的天花

28

CHINA Interior design annual
real estate

设计单位: 浙江亚厦装饰股份有限公司孙洪涛设计事务所
设计: 孙洪涛
参与设计: 蒋良君
面积: 500 m²
主要材料: 竹木、木纹石、外墙石材干挂
坐落地点: 杭州滨江区奥体单元
完工时间: 2013年10月
摄影: 贾方

项目位于高速发展的杭州滨江奥体板块，是未来杭州发展的重要区域。设计从宏观环境入手，力求突破售楼中心的概念，以建筑、室内、景观一体化的整体展示中心形式呈现出来，使参观者能够切身体验未来绿地旭辉城的生活理念。

建筑设计以其简洁有力的特质，彰显建筑特有的力量。入口的连续水景将我们引入室内，超高尺度的落地玻璃窗，使内外空间完成了完美的交融，波光荡漾间自然惬意的氛围便弥散了整个环境。室内的空间设计试图通过种种的手法，与建筑完成内在气质的呼应，使内外空间的交融更加自然、顺畅。室内运用竹木材料体现江南特色，而木纹石横竖拼接的运用形成格子，黑白灰石材的运用使空间极具整体感，强调和建筑视觉联系的完整性。身处销售展示区犹如置身高端度假酒店。

LVDI XUHUICHENG SALES SHOW CENTER

绿地旭辉城销售展示中心

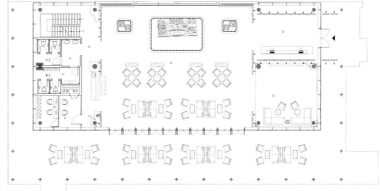
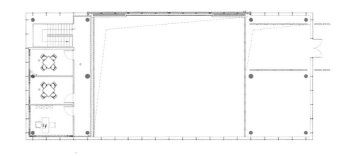

左1: 外景
右1: 超高尺度的落地玻璃窗
右2: 户外水景

左1:运用木材料体现江南特色
右1:餐厅一角
右2: 露台
右3: 沙盘区

29

CHINA Interior design annual
real estate

设计单位: 苏州缔丞文化艺术有限公司(软装)/苏州合展设计营造有限公司(硬装)
设计: 戈文娟(硬装)/王宸阳(软装)
参与设计: 李黎(硬装)/吉雅瑾(软装)
面积: 420 m²
主要材料: 陶瓷、亚麻、绢、琉璃、不锈钢、银箔、木饰面、定制铝板、仿云石灯光片
坐落地点: 苏州市高新区龙塘港路1号
完工时间: 2014年5月
摄影 潘宇峰

苏州中节能生态岛营销中心以"竹扉梅圃静,水巷橘园幽"为硬装设计主题,撷取了苏州古典元素的片段,对经典纹样进行抽象简化及再创造,取传统之意,并现代手法。通过对称中正的轴线、丰富微妙的光影与朴实无华的用色来诠释现代中式的整体空间。软装饰艺术方面则紧扣硬装设计思路,提炼了"气清境雅、水清人雅、心清器雅"三大布置主题,在整条动线中巧妙设置了多个具有江南韵味的细节,如主入口处的手绘工笔四折屏与画案场景,营造出"翻看古籍善本,恣意着墨画卷"的氛围。水吧附近的吹制琉璃荷塘虚拟水景,透过江南代表水生植物的抽象表现形式弥漫出温润气韵。过道中的银箔手绘立体植物墙面装置,形成如苏式园林般虚实交错、灵动幽深的独特美感。当代水墨挂屏、插花、陶器等物件相互呼应,在灯光的映衬下成为空间中的视觉焦点,点缀方寸几许,微风拂叶,闲坐品茶,可谓怡然自得。该营销中心地理位置优越,外部环境青山绿水得天独厚,于是在建筑内部的材质使用方面并没有一味追求奢华,而是着力本土材料的运用,化凡为雅,令整个空间呈现出独特精致的人文气质。

SUZHOU ENERGY SAVING ECO-ISLAND MARKETING CENTER

苏州中节能生态岛营销中心

左1: 外观
左2: 接待处
右1: 沙盘区

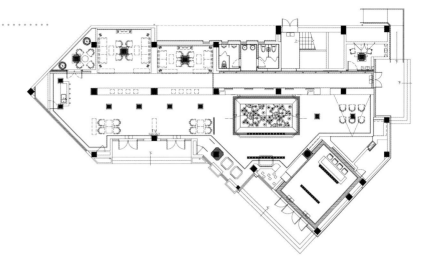

左1、左2、左3: 整条动线中巧妙设置了多个具有江南韵味的细节
右1、右2: 插花陶器等物件相互呼应

CHINA Interior design annual
hotel

设计单位: 上海黑泡泡建筑装饰设计工程有限公司
设计: 郭立平
参与设计: 曹鑫第、许天娇
面积: 30000 m²
主要材料: 大理石、木饰面、艺术玻璃
坐落地点: 长春
完工时间: 2013年7月
摄影: 潘宇峰

艾博丽思酒店坐落于长春市硅谷大街 888 号。进入酒店, 首先映入眼帘的便是漂浮于水面上空富有张力的、在空间中横向展开的艺术花灯, 其成为进门之后的第一视觉焦点。此区域连接大堂吧与接待区, 天花高度为 3.2~3.5m, 是整个空间变化的铺垫与前奏, 而酒店接待区的天花高度为 15m, 与门厅产生强烈的对比, 令人震撼。由于堂吧区域原结构圈是一个难点, 设计师在保证顶面商店及造型效果最恰当的情况下, 利用两侧透光的花格将四周结构进行遮挡的同时, 增加了人从室外观看并感受到酒店内的商业气氛, 这样的立面处理内外兼顾。2 楼西餐厅外立面的凹口处理在增加整个大堂区域空间变化的同时, 又使大堂不失庄重的气场。而在行政酒廊, 设计师则以整体的材质运用和精细的布置提升了人们的空间体验。

入驻艾博丽思酒店, 感受到的是独一无二的空间体验与立面造型及视线的完美结合。

THE ABRITZ HOTEL
艾博丽思酒店

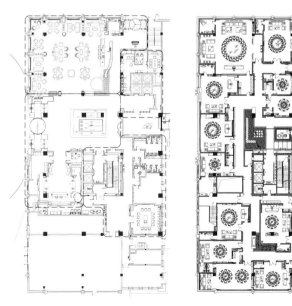

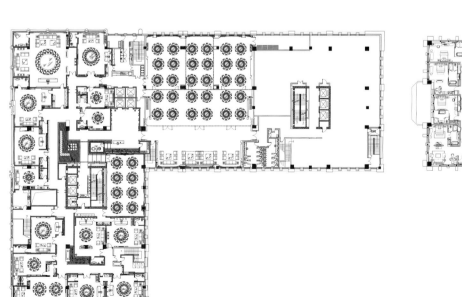

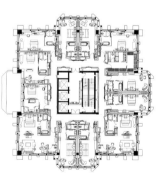

左1: 金色酒廊
左2: 花格掩映
右1: 抽象装置
右2: 客房

CHINA Interior design annual
hotel

设计单位: 季裕棠设计师事务所
设计: 季裕棠
坐落地点: 台北市商业中心敦化北路
完工时间: 2013年
摄影: 申强

众所瞩目的台北文华东方酒店为台湾市场引进来文华东方酒店集团所享誉全球的传奇式优质服务。

文华东方酒店坐落于人文荟萃、绿荫盎然的台北市商业中心敦化北路。酒店拥有256间客房与47间套房，客房最小面积为55m²，糅合古典雅致及现代风格之设计特色，提供全台北市最宽敞舒适的住宿空间。所有客房皆备有最新的科技及娱乐系统、豪华大理石浴室与宽阔的步入式衣帽化妆间。气派豪华的总统套房及文华套房面积达400m²，并备有房内私人水疗设备与健身间，让宾客尽享极致奢华、舒适的住宿体验。此外，入住套房的宾客均可享用酒店享负盛名的"东方会"贴心服务及尊贵设施。

MANDARIN ORIENTAL HOTEL IN TAIPEI
台北文华东方酒店

左1: 众多小宝塔排列迎客
右1: 蓝色大吊灯

左1: 拱形门廊
左2: 古朴大缸上的绿植
左3: 镜面营造纵深感
右1: 层层叠叠的小空间

左1、左2: 明亮的色彩和小树令人愉悦
左3: 做旧的绿色地板
右1: 悠长走道
右2: 套房
右3: 细部

本项目所在区位临湖近路，自然环境优越，交通便利。庄重大气的简欧建筑风范、作为主题精品酒店的超大体量，都为本空间设计定位提供了不能忽视的依据——体量感、饱满与丰富、"四季"的鲜明感。

设计执行上，通过视觉张力明显的色彩体系、国际化手法演绎的江南四季印象、丰富多元的陈设系统表情，塑造出了热情而不失高贵、亦中亦西的个性化酒店场所气质。

设计单位: 无锡上瑞元筑设计制作有限公司
设计: 冯嘉云、范日桥、孙黎明、郭旭峰
面积: 9000 m²
坐落地点: 无锡滨湖区金城西路

HUBIN SPRING SEASON HOTEL

湖滨四季春酒店

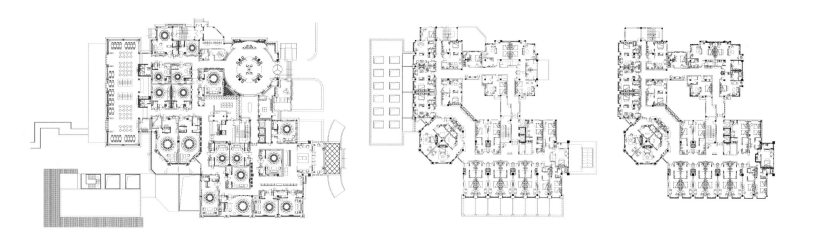

左1: 接待台

右1: 富有张力的色彩

左1、左2: 过道

左3、右1、右2、右3: 不同色彩的包间

右4: 休闲室

左1: 对称美
左2: 走道
左3、右1、右2: 中西合璧的客房

设计单位: 合肥许建国建筑室内装饰设计有限公司
设计: 许建国
参与设计: 陈涛
面积: 16000 m²
主要材料: 意大利木纹石、水曲柳肌理板、仿古砖、原木、皮革
坐落地点: 北京西客站中土大厦
摄影: 吴辉

SHOUZHOU HOTEL

寿州大饭店

寿州, 古为楚国国都, 三国时为魏地, 已是十余万人的重镇, 自晋以后到唐宋, 以繁华著称于世, 所谓"扬(州)寿(州)皆为重镇"。这座位于安徽中部的古城今称寿县, 国家历史文化名城, 建于宋代的古城墙至今保存相对完好, 让现代人得以瞥见历史留下的痕迹。淝水之战古战场, 淮南王墓、廉颇墓等至今还回响着往昔的余韵, 让人感慨。

位于北京的"寿州大饭店"就是以这个历史悠久的古城为主题所建, 淮河之南的古城风貌一路北上, 经设计师巧手提炼, 在现代的北京演绎出了别样韵味。灿烂的往昔已逝, 但仅仅是历史的余光也足以让我们驻足。饭店的墙上挂着许多古城的老照片, 是专门请摄影师去寿县拍摄的, 许多美丽角落凝聚成黑白影像, 引人遐想。素雅古朴的青砖被运用在空间的很多地方, 仿佛带人回到过去那个小桥流水的时代。寻常不同的是, 设计师也将青砖置于客房内, 希望通过如此直观的手段让来此居住的人感受中式传统的意蕴, 因为古人就生活在这般青砖小瓦造就的空间中。

建筑层高较低，在地下一层和一层的公共区域中安置树根贯穿两层的柱子，提升视觉高度,同时这种传统安徽民居形式的柱子又成为了鲜明的标志。在取传统上"形"的同时，设计师运用了现代材质来打造其"实"，黑色的圆形柱础与米色柱身皆为大理石材质，现代的质感结合传统的形式构成独特的效果。同样的意象在餐厅区的寿州厅也有体现，但又对它进行了变形，用另一种形式来表达对寿州文化的理解。包括柱础柱身在内的安徽民族木结构框架在简化后被整体置入室内，既是背景又是符号，与原木的明式圈椅和方桌搭配，并不突兀，反而更加抢眼。

除了这些较为直观的表现外，还有一些看似现代的设计实际上源自中式传统美学。一楼大堂乍看不起眼的成排水晶灯饰是由长短不一的小灯做成了连绵起伏的波浪效果，一浪一浪的水波与大型盆景一起，便是古代文人最喜爱的"水山一色"图景。传统中国的日常生活和浪漫情怀在寿州大饭店中被重新演绎，提醒我们那个已经消失的时代曾经多么美好。

左1、右1: 米色调的大堂

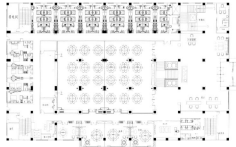
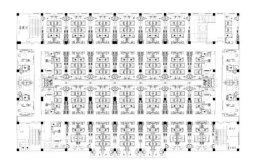

左1: 圆柱提升了视觉高度

左2: 走道

左3: 楼梯

左4: 休息区

右1: 浓厚中式意蕴的小景

右2、右3: 中式家具和青砖带来古韵悠悠

左1、左2: 包间

右1、右2: 客房

05

....

CHINA Interior design annual
hotel

设计: 李益中
参与设计: 范宜华、熊灿、段周尧
面积: 4000 m²
主要材料: 意大利银灰洞、肌理漆、布艺硬包、木饰面、黑钢
坐落地点: 重庆市黎香湖

这是一个快捷式酒店,坐落于重庆南川美丽的黎香湖畔。作为一个低成本的酒店项目,突出的问题就是建造预算与设计效果之间的矛盾关系。设计师用"艺术化"的手法巧妙地解决了这个矛盾,实现了用较低的投入获得较为理想的设计氛围。

黎香湖风景秀丽,烟雨迷蒙。艺术家赵鸿甫先生在黎香湖有大量的写生创作,艺术水准很高。设计师借用了赵先生的绘画创作,将之融入到设计创作之中,让艺术为设计添彩。

设计师把空间界面简洁化,装饰色调统一化,装饰材料自然化。让绘画作品以大尺寸的画面效果来产生视觉的张力,加之灯光的营造和空间的流转,让简洁的设计有了丰富的多感官的体验。

现代、自然、轻松、休闲,画家淡雅淋漓的作品给设计注入了一种闲适的诗情画境。可以说,这是一次设计与艺术的融合。

CHINA OVERSEAS KELI HOTEL
中海可丽酒店

左1: 接待处
右1: 素雅的色调

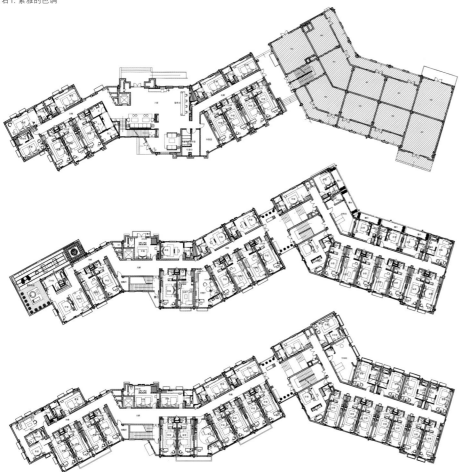

左1: 隔栅天花板

右1: 装饰画和沙发的色调协调统一

右2、右3: 简约的客房

06

CHINA Interior design annual
hotel

设计单位: YANG杨邦胜酒店设计集团
设计: 杨邦胜
参与设计: 黄盛广、张靖
面积: 80000 m²
主要材料: 菠萝格、竹片、藤席、大麦石、银灰洞、火山石
坐落地点: 海南省三亚市海棠湾301路

三亚海棠湾9号度假酒店地处美丽的国家海岸海棠湾片区，与蜈支洲岛隔海相望，总建筑面积80000m²，是中外游客休闲度假胜地。酒店整体以绿色作为主色调贯穿设计之中，运用简洁明快的设计手法将现代中式风格与热带海岛风情完美结合。并巧妙融入海南黎族文化，以国际化的品质突显独特的"泛东方"度假酒店魅力。

酒店大堂采用尖顶造型，形似国旗上的五角星造型，其下由烽火台般稳健的大理石柱子支撑，大气雄浑中又显通透空灵。正中间引人注目的"飞鱼"装饰从天花盘旋而下，与地面的水景相映成趣，增添活泼灵动的气息。大堂与大堂吧被设置在同一轴线上，利用线条的无限延展，突显酒店的正气与恢弘。

在特色餐厅中，螺旋形的吊灯错落分布，蓝色的椅子与温馨的灯光共同营造出静谧浪漫的氛围。入口处采用混搭手法将彩贝拼成的水墨画配以东南亚特色的装饰罐及茅草坡屋顶，将现代中式与自然海文化融合在一起。中餐厅通过木结构的天花、各不相同的中式屏风以及现代中式家具的搭配，传递出隽永的"中式"韵味。

NO.9 SANYA HAITANG BAY RESORT

三亚海棠湾9号度假酒店

设计师还从海南独特的黎族文化中汲取灵感，将黎族农村劳作的工具打谷桶演变成大堂总台的背景，与鸟笼样式的巨型装饰灯相呼应。美丽的黎锦纹样被提取、凝练成富有现代感的装饰图案，巧妙地运用在地面、墙面、屏风、家具和地毯上，体现出浓郁的地域文化气息。特别值得一提的是，设计中倡导环保节能理念，公共区域内开敞的折叠门取代了生硬的外墙，将自然的阳光、空气引入室内，使室外的园林、海景与室内空间融为一体，营造出自然、舒适、浪漫的度假空间。

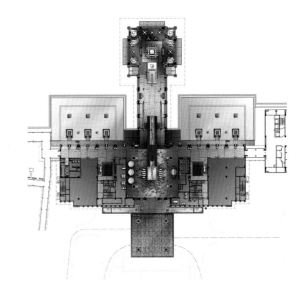

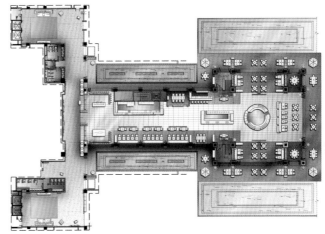

左1: 酒店外景
右1: 大堂采用尖顶造型

左1: 富有热带气息的水果和装饰
左2: 走廊景致
左3: 螺旋形吊灯错落分布
右1: 中式屏风分隔餐厅
右2: 房内可眺望海景

07

设计单位: 杭州东未建筑装饰设计有限公司 / 杭州潘天寿环境艺术设计有限公司
设计: 朱东波
参与设计: 陈瑾、王同冲、陈超
软装设计: 王长生、包文倩
面积: 5000 m²
主要材料: 黑钢、水曲柳开放漆木饰面、麻布硬包、灰色木纹大理石、青砖
坐落地点: 杭州市下城区建国北路
摄影: 麦克意识流

杭州汉高精品酒店室内风格以现代中式与徽派建筑相结合为主,设计师凭借着对徽派建筑元素的精确提炼以及对现代生活节奏的把握,对空间进行合理地分割改造,试图营造出典雅庄重的空间舒适感。然而对于徽派元素的运用,设计师又避免了具象的描摹,通过艺术手法的表现,适当地运用金属材质的衬托,使空间呈现出更凝练和现代的姿态。

踏足酒店大厅,醒目的徽派建筑马头墙背景,仿旧木地板,粗麻工艺地毯,简约的中式家具,不仅容易使客人在心理上产生对酒店主题风格的共鸣,亦展现了现代人生活中一直在追寻的沉稳与怀旧的意境。而色彩的酝酿自是不容忽视,中式风格直接带动了整体浓重而成熟的色彩走向,深咖啡色的色调透出古朴而自然的芳香,加上各种柔和灯饰的调节,流露出古色古香的中式文化韵味和徽派的内敛。客房内的布置极其精致宽敞,功能齐全。干湿分离的宽敞卫生间设独立的化妆台,并配备独立的活动浴缸。客房内有独立的休息区和地暖设备,将客户的体验融入家的温馨概念。

HIGOOD HOTEL

汉高精品酒店

在"轻装修,重装饰"流行的趋势下,一切软装饰品似乎成为了整体空间的主角,古玩、瓷器、鼓凳、挂画和屏风彼此和谐匹配,凸显儒雅大气的空间氛围。无论图案、纹理、色彩、抑或工艺,皆表现出较高的审美价值,更塑造出传统中透着现代,现代中糅着古典徽派元素的人文意境,也满足了业主希望营造出具有文化主题的酒店空间感受的愿景。

左1: 入口
右1: 古色古香的家具
右2: 细节

08

CHINA Interior design annual
hotel

设计单位: PAL设计事务所有限公司
设计: 梁景华
面积: 5290 m²
主要材料: 大理石、木饰面、墙纸、扪布、金属、玻璃、镜子
坐落地点: 杭州

杭州九里云松酒店环抱清新茶园，与西湖美景咫尺相距。以新中式的手法，将江南元素与西方设计理念完美结合，展现灵气古朴、至静清幽的风情，与室外景观打成一片，缔造有禅意的精品酒店。这是一个宏大的修建工程，业主把原本的三星宾馆拆掉，并花了3年时间及耗资近1亿元来进行改造。

大堂空间宽敞通透，以古铜与金色为基调。地板以大理石与古铜金属拼花铺设，呈现低调奢华的气息，配搭抽象水墨挂画及中式摆设，蕴含江南诗意的神韵。透过丰富的材质，如香槟金的特大中式屏风、皎白的艺术雕塑墙面、金箔构成的吊顶，打造古朴华贵而又不显张扬的细节。

简洁的餐厅展现禅境美感。木地板镶嵌铜金属条，与金箔吊顶互相辉映。采用大量中式屏风作为隔断，犹如剪纸花纹般，带来婉约如诗的视觉效果。中国特色元素巧妙地覆盖了天花、椅子、坐垫及灯具，添置上文房四宝、茶具、水墨画饰品，汇聚新东方文化的精髓。室外的百年香樟苍翠茂密，错落有序，透过全景窗融入室内，

PINS DE LA BRUME HOTEL

九里云松酒店

呈现一派江南水乡的和谐之美。

42 间豪华套房，以白色与不同深浅的木色作对比，勾勒出鲜明的空间结构。透过中式屏风元素的巧妙运用，结合现代中式的家具及饰品，为宾客提供一个顶级舒适的养心之所。

酒店配有多功能厅、独立游泳池、静雅禅房、芳香 SPA、棋牌室和露天茶座等各项休闲度假设施，均贯彻新中式与西式相融合的设计语汇，为每处添上清新淡雅的一笔，含蓄演绎纯净朴实的禅意境。

左1: 酒店入口
右1: 宽敞通透的大堂以古铜与金色为基调
右2: 中式屏风如剪纸花纹般

左1: 木地板镶嵌铜金属条
左2: 楼梯
左3: 包间
右1: 室外美景融入室内
右2: 客房内白色与木色的对比

09

CHINA Interior design annual
hotel

设计单位: HYID上海泓叶室内设计
设计: 叶铮
面积: 7000 m²
主要材料: 玻璃、渐变镜、铝合金、达尼罗特殊漆
坐落地点: 山东青岛市
完工日期: 2013年7月

盛夏七旬,青岛海岸终于揭开了锦江4S酒店的神密面纱,它位于青岛市区酒店密集处的中心老城区,距海边仅数百余米,酒店建筑面海观景,地上部分建筑面积约为7000m²,拥有各类客房约130余间。室内设计优雅简单,空间组织理性有序,分为三个空间段落,首先是一、二层的公共区域,主要功能为酒店大堂、餐饮、会务、休闲等功能,中间段落为4S标准客房层,顶部段落为酒店海景商务套房等。

建筑平面呈"回"字型空间布局,中央结构核心筒部分为电梯厅等垂直建筑构件,因此以中央核心筒为主要立面的设计概念成为设计切入点,并使"回"字型四周的平缓界面形成空间对比。将深灰色宽窄各异的垂直线作不等距排列,形成富有变化的界面排线,并通过透光玻璃赋予明暗反差和层次,增强主立面的视觉扩力。同时顶面的灰镜又将主立面的垂直排线向上方引伸,旨在形成高度错觉,减少因吊顶偏低所造成的压迫感。LED灯带沿四壁环绕,将"回"字型结构进一步展示,形成清晰的空间层次和主次关系。墙面则是富有沙粒感的特殊涂装用料,恰如海滩,时而在

JINJIANG 4S HOTEL- QINGDAO
锦江青岛4S酒店

158

墙面上散落的粗糙石块，更有海岸礁石之感。

一层大堂分别在不同位置散放着多处形式各异的休息区，以体现轻松随意之感。不同以往的是，在大堂一角专辟了一处读书吧，并配备了电脑、网络等设施，以满足当下年青白领特有的休闲方式，整墙的书架也成为又一攫人眼球的亮点。二层餐厅被布置于透光排线界面的另一侧，与自由开启的立面墙相对应，开合间保持着有机联系，既为私密度较高的小包间，又可作为小型会议室之用。而开合墙面上橘色耀眼的渐变镜面，又将就餐的氛围推向了新的惊艳。客房的设计是又一项愉悦的体验，牛奶咖啡的色调在暖光下备显温馨。简洁的连体组合家具充满时尚商务气息，卫浴空间紧凑精致，床屏板上方的四幅组画设计将优雅的气质推向当代艺术的境界。

设计充分将空间秩序、材质对比、照明布置、色彩配置、陈设特色等多方因素均衡其间，使最终的设计效果综合共生，追求设计各专项间的唯美组建，并在简单的表象下体验着不易被人察觉的复杂关系，让优雅始于建构之中。

....

左1：平面呈"回"字型布局
右1：LED灯带沿四壁环绕
右2：墙面是富有沙粒感的特殊涂装用料

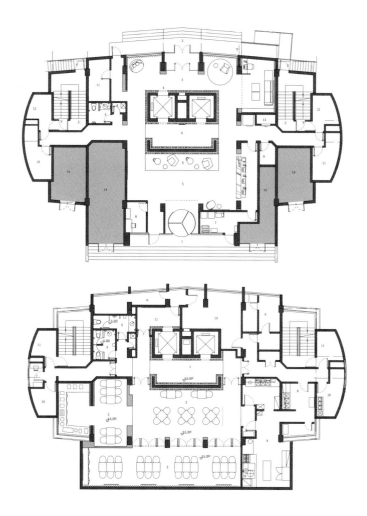

左1: 休闲区
右1、右2: 简洁家具充满时尚的商务气息

设计单位：HYID上海泓叶室内设计咨询有限公司
设计：叶铮
参与设计：陈佳玲、陈佳君
面积：10000 m²
坐落地点：上海市长宁区延安西路
完工时间：2013年11
摄影：叶铮

METROPOLO HOTEL 系锦江酒店集团最新推出的精品酒店系列，首先竣工的是都城达华精品酒店，其前身为达华公寓，始建于1935年，由著名匈牙利建筑师乌达克设计，是上海开埠后最早的公寓楼，当时被誉为远东第一公寓楼。1949年改为达华饭店，1978年改建为达华宾馆，曾被评为上海十大饭店之一。1999年列为上海市近代优秀历史保护建筑，2013年经整体改建后重新对外营业，取名为"M"达华精品酒店。

本次改建设计分别从建筑、景观、室内三方面综合入手，追求时尚、绿色、轻松、温和的设计理念，努力营造一款田园都市般的场所。并在历史保护的基础上，体现出怀旧、亲和、质朴的上海西区城市氛围，同时融历史积淀与当代文化于一体。

酒店位于市中延安西路，建筑面积约一万余平方米，公共区域的功能设置有大堂接待区、商务区、阳光水景咖啡廊、全日餐厅及包间、健身房、会议室等。客房区分别由红、绿色调构成"旭日"与"清月"两大系列。而建筑内园中大片的水池、垂直绿花、竹径小道等，则构成了达华花园景观的又一大特点，如此一个闹中取静的

METROPOLO HOTEL
都城达华酒店

花园设计，充分将室内环境同室外景观紧密联系，相得益彰。由此，20 纪初乌达克

的建筑，在这片绿荫水景的呼应下再获新生。

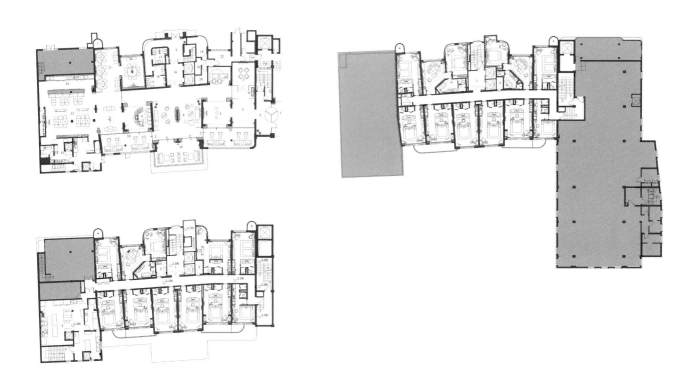

左1: 酒店外观

左2: 墙面装饰

右1: 门厅

左1、左2: 休闲区
右1、右2: 酒店局部
右3: 餐厅

设计单位: HYID泓叶设计
设计: 叶铮
坐落地点: 上海市南京中路

东亚饭店,位于上海市南京中路最繁华路段。其前生是上海滩上闻名遐迩的先施公司,创建于 1915 年,至今有近百年历史。1952 年公私合营后,由原先施公司的东亚旅馆和东亚大酒楼合二为一,取名为东亚饭店,并成为上海市政府重点接待单位之一。本项目属于历史二级保护建筑,设计面积达 1 万多平方米,拥有各类客房 220 余间。设计在历史与当代、现状与未来等诸多复杂性中寻求平衡,因其地理环境与历史人文的因素,室内设计赋予改建后的东亚饭店无限的优雅与理性的奢华。

整个酒店分为若干个组成部分,为充分尊重建筑的历史与现状,沿街入口被处理得十分低调,空间极其狭窄,使得喧闹的南京路即刻同安宁的酒店形成反差,动静分明。一条细长的通道连接着总台与入口,悬吊着炫目的红、黄、紫三色吊灯,作为酒店迎宾的开始。设计始终秉承了南京路历来的时尚与浪漫,色调凝重低沉却不失鲜丽。总台后侧的大堂吧设计,更是在布置上追求小巧精致。点到为止的陈设布置,使咖啡厅温馨备至,并进一步形成空间的私密感。

EAST ASIA HOTEL
东亚饭店

左1: 陈设布置点到为止
右1: 餐厅

会务与餐厅被安置在二层。走出电梯同样可见一条长廊，既将不同空间功能串联成一体，又通过分隔构成不同的空间区域。长廊尽端一幅黑白对称的大象正面照片，下垂的象鼻与照片前横置的条桌，形成"十"字型空间构图，气氛诡异难言。长廊中央的透光玻璃橱柜，排列着红绿相间的玻璃瓶，组成一幅色彩艳丽的抽象装置艺术，并将二层餐厅的气氛推向高峰。同时，作为隔断又巧妙划分了就餐空间，形成过目不忘的视觉体验。

设计中最具特色的，就是位于三层的精品房。分别将现代的元素与传统西方古典的造型语言充分交融，使东亚的历史回望与现时的展望合为一体。室内设计追求繁简对比、时光穿插，整体色调简单大气、黑白分明。客房布局打破常规，功能一应俱全，并使家具布置与墙面设计融为一体，照明设计富于层次，光亮配比变化有序，氛围优雅浪漫。更令人兴奋的是，从客房内的拱形西式门洞推门而出，眼前就是敞宽的老式露台，尽可饱览南京路最繁华地段的景色，尤其在位于南京路与浙江路转角处的豪华套房，更可全景式俯瞰川流不息的人海。

正是下午5时正，夕阳无限。对岸南京路上，飘来阵阵悠扬的萨克斯乐声，不由使人觉得恍如隔世，梦醒上海。

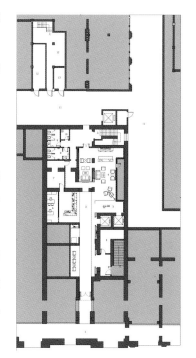
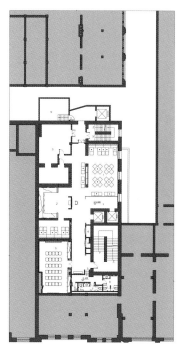

本案设计手法简单朴素，大面积裸露的结构楼板与机电管线，被统一在深暗色调的顶部空间中。主要视觉中心集中体现在立面木丝板上，并通过长短不等的深浅两色矩型，在灯光洗墙的照明方式下，呈现出粗糙的肌理感和浅浮雕般的叠落式形体阴影。空间的家具与其他陈设布置同样时尚而富有形态特征。

设计单位: HYID—上海泓叶设计
设计: 叶铮
参与设计: 陈佳玲
主要材料: 木丝板、陶瓷板、金属涂料、线帘、皮革
坐落地点: 四川自贡市

JINJIANG INN CO MPLEX

锦江之星酒店合集–叠落的界面（自贡店）

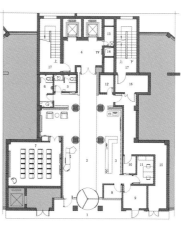

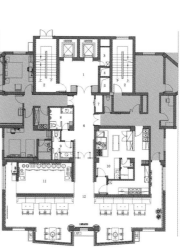

左1: 墙面粗糙的肌理感
右1: 餐厅
右2: 裸露的结构楼板
右3: 黄色点缀空间

设计公司：上海泓叶室内设计咨询有限公司

设计：叶铮

参与设计：熊锋

主要材料：绒布窗帘、厚质纹涂料、白镜、瓷砖、大花白

坐落地点：陕西省榆林市靖边县

竣工日期：2013年8月

位于陕西省北部偏西的靖边县，地处毛乌素沙地的南缘，自古以来一直是中国西部交通运输的重要枢纽。锦江之星靖边店是锦江集团在靖边的第一家酒店，坐落于人民路西段，邻近靖边县长途汽车站和靖边县政府，前往大夏国遗址、靖边丹霞地貌亦十分便捷。

走进酒店，古典与现代元素相互交织，蓝色天鹅绒与车边镜将空间优雅的气氛定格，典雅的古典家具、精美的水晶灯饰系列穿插其中，带来浓郁欧风，而现代艺术品点缀，更增加空间的浪漫气氛，一座华丽驿站缓缓揭开。

CHINA Interior design annual

hotel

JINJIANG INN CO MPLEX
蓝色驿站（靖边店）

左1: 古典与现代元素交织
右1: 精美水晶灯
右2: 蓝色天鹅绒将优雅的气氛定格

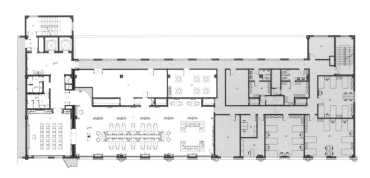

设计公司：上海泓叶室内设计咨询有限公司
设计：叶铮
参与设计：熊锋
主要材料：涂料、陶瓷地砖、玻璃砖、银箔、木饰面、皮革、金属网帘
坐落地点：广西北海市
竣工日期：2013年7月

锦江之星北海北部湾广场店位于市中心区域，东临北部湾广场，北接著名的海鲜特色及餐饮——"外沙海鲜岛"。

酒店公共空间布局采用较为传统的矩阵空间，而赋予其现代的内容，踏入大堂，一堵巨大的玻璃砖墙将室外的喧嚣与嘈杂与之隔绝，同时引入柔和的自然光线。休息区屏风上的银箔饰面，在灯光下熠熠生辉。高耸的垂直木线条、长条形皮革硬包，组合构成不同的秩序与节奏。而艺术品、家具、灯具的东方性表达则将此种感受明确，给人恬静舒闲的美感。

简约时尚的餐厅内设计了一系列的线框，线框内用金属网帘装饰，起到隔断的作用，在平面布局上将空间分割出开敞式、半开敞式的用餐区域，由于金属网帘具有通透性，使得空间层次更为丰富。同形异质界面的重叠，这一装饰母题再次出现在餐厅内，并且搭配精致的紫铜壁灯，将这一空间界面造型手法推向高潮。

CHINA Interior design annual
hotel
JINJIANG INN CO MPLEX
东方飘来的灵感（北海店）

酒店给人的整体印象是现代性与东方性的优雅结合，其中空间内传统材料与现代材料的 "对话" 也起到一定作用：温润的胡桃木饰面、浅褐色皮革、银箔与冷峻的玻璃砖、金属网帘既对立又统一。

左1: 高耸的垂直木线条
右1: 局部
右2: 餐厅线框内用金属网帘装饰
右3: 精致吊灯

13

CHINA Interior design annual
hotel

设计单位: HHD假日东方国际设计机构
设计: 洪忠轩
面积: 47000 m²
主要材料: 石材、彩钢、水晶、地毯
坐落地点: 哈尔滨市南岗区哈西大街
完工时间: 2013年8月
摄影: 陈中

哈尔滨万达嘉华酒店是万达集团在中国投资并管理的"万达嘉华"品牌,是最具代表性的标准五星级豪华酒店。酒店坐落于哈西万达广场,地处繁华的商业娱乐中心,地理位置优越,与哈西客站咫尺之遥,交通迅捷便利。

酒店基于哈尔滨城市的冰雪文化特色,以及远东政治、经济、文化和交通的特点,设计风格上将"雪花"独特精致的时尚特质作为主要设计语言,创造出无与伦比的温馨、惬意的入住感受。

酒店拥有 345 间华丽雅致的客房和套房,客房舒适典雅,成为旅途中舒适温馨的港湾。

客房最小面积为 40m²,总统套房面积更达 380m²,尽显华贵气派。

WANDA REALM HARBIN
哈尔滨万达嘉华酒店

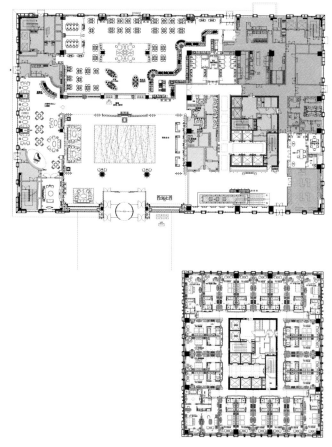

左1: 酒店外观
右1、右2: 富丽堂皇的大堂

左1: 倒影
左2: 走道
右1: 唯美的雪花装饰
右2: 餐厅
右3: 大型吊灯从天而降

14

CHINA Interior design annual
hotel

设计单位: PLD刘波设计顾问有限公司
设计: 刘波
面积: 16033 m²
主要材料: 石材、木材、镜面不锈钢、艺术地毯、定制玻璃
坐落地点: 成都市温江
完工时间: 2013年12月

成都温江巨龙费尔顿凯莱酒店位于温江光华大道西侧江安河围绕的江心岛上,与城区商业中心及花博会主题馆相邻,紧靠城市公园。此项目用地地势平整,并有天然温泉泉眼,与江安河相伴,地理位置优越。整体建筑以"花卉,风帆"为主题,同时充分考虑现代、文化与科技,把客观的"境"与主观的"意"有机结合,体现优良的建筑艺术与文化特性,使酒店成为温江地区的标志性建筑之一。

酒店空间设计从整体的功能布局到室内的细节装饰,通过中式元素的现代手法运用,体现商务酒店的沉稳和丰富的文化内蕴。对于高质量生活要求者酒店不仅满足其短暂栖息的功能,同时在劳顿的旅途中找到能带给他们与众不同的感受,以享用优美独特的环境为快。以往被标准化的细节都会被重新设计,并赋予新的个性和情感。

在室内装修上,遵循星级酒店标准的同时,大胆创新、精细设计,营造出格调高贵、温馨舒适、品位高雅的星级酒店。在室内色彩上,运用和谐统一的温润色系,棕色、金色、暖黄,点缀以沉重的亮蓝、深红,并搭配以精致的软装配置及装饰应用,和

WENJIANG DRAGON FELTON GLORIA HOTEL

成都温江费尔顿凯莱酒店

谐融洽地突出了舒适优雅的整体氛围。在界面处理手法上整体统一，在延伸空间的同时又将材质的天然质感表现出来，注重大空间、大块面、小细节的设计，不仅使空间视觉效果具有强烈的张力，同时满足了商业空间需求，营造轻松舒适的环境氛围。

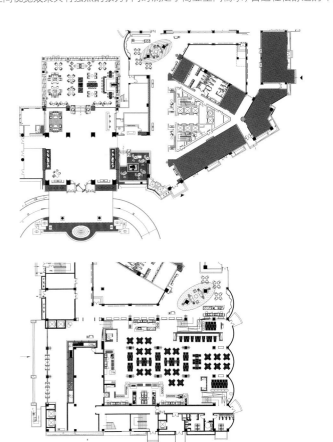

左1、右1: 大堂
右2: 色彩上运用统一的温润色系

左1:暖色调的休闲区
右1:餐厅
右2: 客房

15

设计单位: 北京洲际建筑装饰设计与工程有限责任公司
设计: 熊涛
参与设计: 刘汉
面积: 8000 m²
主要材料: 石材、地毯、瓷砖、木饰面
坐落地点: 北京市羊坊店西路
摄影: 潘宇峰

凯瑞大酒店是一家集住宿、餐饮、娱乐、会议为一体的三星级现代化的艺术精品酒店。

凯瑞大酒店位于北京市海淀区羊坊店西路，空军大院东南门右侧，附近有中央电视台、国家税务总局、北京西客站、中华世纪坛、军事博物馆等知名单位，交通便利，地理位置十分优越。

凯瑞大酒店建筑面积 8000m²，共有 185 间客房。考虑到层高限制，设计师在大堂灯具选择上未选用四五星级酒店常用的奢华吊灯，而是在天花顶板上运用反光漆工艺，在隐藏管灯的照射下增强光感。天花设计上利用简单的直线将天花切割成面积不等的方格，既简洁明快又不失个性，强调了秩序与均衡之美。一层大堂实景客房走道两旁悬挂的艺术挂画均出自艺术家熊海先生的原作，画作通过运用精细水墨的表现形式，展现了恬静峻秀的中国山水景色。

酒店二层受建筑结构影响及层高限制，二层电梯厅结构同一层电梯厅结构类似，设计师在此处的设计延续之前的风格，利用水晶装饰和射灯打造柱体悬浮的效果。为

KAIRE GRAND HOTEL
凯瑞大酒店

了增加空间感，墙面选用白色石材和透光玉石相结合的形式，在灯光的映衬下营造出墙面发光的感觉，扩大了电梯厅的空间，而石材上反射出的柔和光线也给即将进入客房休息的宾客带来温馨的感觉。

客房材质主要以白色乳胶漆为主，干净、大方、典雅，白色的灯光使氛围更高贵，布艺沙发和木饰面使空间更温馨。尺寸不一的灰色长形瓷砖在地面和墙面的使用，丰富了空间，使卫生间"小而不俗，小中有大"。客房整体设计舒适温馨，简约大气，优雅大方。

不管是来入住、消费或者仅仅只是观赏，当你走进凯瑞大酒店，感受到的只是无限的舒适和新奇感，仿佛进入了另一个异域空间。

左1：天花板上运用反光漆工艺增强光感
右1、右2：餐厅

左1: 会议室
左2: 装饰画出自名家之手
右1: 透亮的空间
右2: 温暖客房

16

CHINA Interior design annual
hotel

设计单位: 廖卓堂设计事务所（香港）/南京简格设计顾问有限公司
设计: 廖卓堂、刘红山
参与设计: 刘汉
面积: 11800 m²
主要材料: 石材、墙纸、木饰面、地毯
坐落地点: 南京市健康路3号
完工时间: 2013年11月
摄影: 潘宇峰

南京地处中纬度地区，四季分明。南京涵田城市酒店位于健康路3号，坐落于时尚地标的"水平方"商业购物中心，紧邻夫子庙繁华地段，步行可至中华门城堡、秦淮河、江南贡院、李香君故居、太平天国历史博物馆等著名旅游景点。这个区域有着深厚的商业底蕴，地势繁华，交通便捷，地理位置十分优越。

设计师从空间、色彩、材质、灯光、家具等方面进行综合考虑，采用了大量的时尚、现代元素。客房设计配置完善，简约时尚，极具现代风格。特色自助餐厅和宴会包间、浪漫的露天花园咖啡屋和茶餐厅让人感受古老都市的繁华与时尚。工程设计师还引入了先进的智能化管理系统，采用 LED 照明、空气源热泵空调、太阳能光伏发电等高效、节能、环保的设备，融时尚品位与温馨典雅于一体，带给客人舒适、安心、便捷的入住体验。

南京涵田城市酒店的建筑设计风格，似五彩缤纷的璀璨宝石，绚烂夺目、温馨浪漫。显示出古城"秦淮"文化的韵味，让入住者可以领略六朝文化，品味多彩生活。

HANTIAN CITY HOTEL
涵田城市酒店

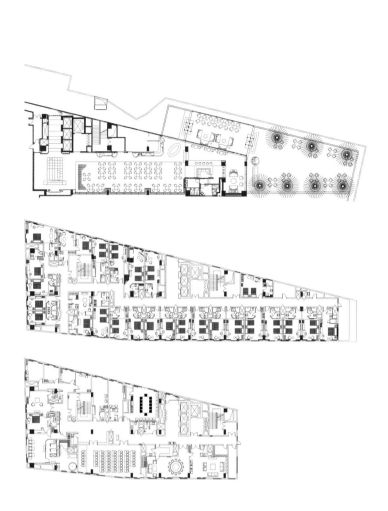

左1: 酒店外观
右1、右2: 大堂

左1、左2: 时尚的餐厅及包厢
右1、右2: 大小不一的圆形灯饰

右1、右2: 大小不一的圆形灯饰

左1: 走道
左2、右1、右2: 客房

CHINA Interior design annual
business display

设计: 迫庆一郎
面积: 78 m²
坐落地点: 浙江丽水

在爱丽丝梦游仙境中有这么一个情节，当爱丽丝喝下魔法饮料后她的身体缩小了，之后吃下魔法蛋糕又让她的身体变大，头顶甚至撞上了天花板，身体奇妙的变化让整个故事产生一种具有魔力的气氛。

设计师希望通过这个店铺的设计带给孩子们一个充满惊喜的空间，所以参考了爱丽丝梦游仙境里使用的艺术处理方式，夸大设计元素的尺寸以营造出让孩子们惊喜的环境。之所以选择"纽扣"作为设计的主要元素，是由于它和衣服有着最为直接的关系。学会自己系好纽扣，把衣服穿好，也是小孩子长大的一个标志。设计师赋予这些尺寸巨大的纽扣不同的意义，来表达其不同的用途。在门头、门把手、天花上的照明设施、陈列架、休息座椅以及游乐区，为了保持形式感上的统一，设计采用了圆和弧线的形状。这些弧线造型也被用在了店铺入口和橱窗处，并且墙上所有的框也都运用到弧线这一要素，确保和店铺的其他部分保持协调与统一。

NICKIE IN LISHUI

丽水Nickie

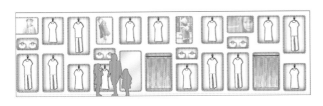

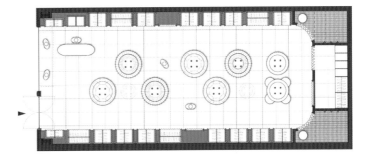

左1:圆形入口
右1:"纽扣"作为设计的主要元素

左1、右1:"纽扣"元素被运用在照明、椅子、陈列架等各处

CHINA Interior design annual
business display

设计单位: 维思平建筑设计
设计: 陈凌
参与设计: 白云祥、冯桂英、朱颖
面积: 1700 m²
坐落地点: 湖南长沙
完工时间: 2013年12月
摄影: 広松美佐江

室内设计概念为"云中漫步",为了打造博物馆般的空间气场,在以直线条为主要构造背景的基础上,利用建筑高差设计出具有视觉冲力的几何"云墙"。同时结合营销功能,项目产品在几个特定的位置出现,达到展览内容与形式的完美结合。再以灯光为辅助,让这面墙产生视觉上的飘浮感。华灯初上,透过彩釉玻璃幕墙,仿佛一片飘浮在玻璃盒子里的云,具有很强的昭示性。

参观出入口位于建筑南立面,展览流线依次为接待区、开敞资料展示区、企业品牌区、沙盘区、洽谈区。参观客人乘坐升降电梯上到三层,围绕着几何"云墙",面向湘江方向依次参观,VIP 洽谈室、洽谈室、签约室、影音室和卫生间隐藏在云墙之后。沙盘区作为参观流线的高潮被安置在东北角,紧邻滨江景观道,视线通透,以达到最好的展示效果。

员工出入口设置在建筑西南侧,对内工作区集中在一层,依次布置着接待区、开敞

CHANGSHA KINEER INTERNATIONAL MARKETING EXHIBITION CENTER

楷林（长沙）国际营销中心

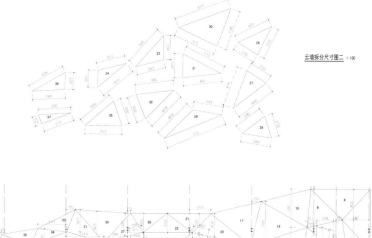

云墙拆分尺寸图二 1:100

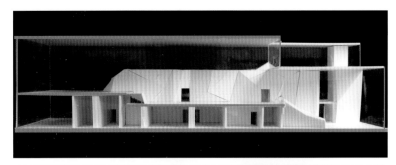

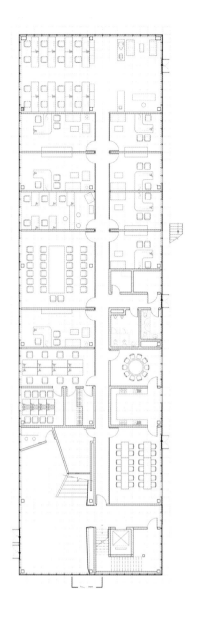

左1:建筑外观
右1:绿植破墙而出
右2:接待处

办公区、经理办公室、会议室、餐厅、厨房等功能空间,内部工作流线不与访客参观流线交叉,但又能对访客提供及时的服务。

整个设计都按照特定模数进行设计与建造,增加工厂定制,减少现场工作量,提高建造效率和精准度的同时也减少了对现场环境的破坏。沙盘区的玻璃幕墙做了特殊处理,增加高透玻璃的比例,减少彩釉玻璃,让人从室内能够最大限度地远眺湘江美景,也让马路上来往的行人能够看到室内沙盘,起到宣传效果。

建筑主体为钢结构,室内裸露的深灰色金属氟碳漆钢梁、钢柱增加空间工业感,天花为与钢结构颜色相同的铝格栅,地面为白色微晶石,与白色马来漆"云墙"一起同深灰色背景形成强烈对比,营造出简约、大气、时尚的空间体验。洽谈室、签约室、影音室、VIP洽谈室增加软质材料,地面铺设地毯,墙面采用硬/软包,提升尊贵感的同时实现了最优的声学效果。

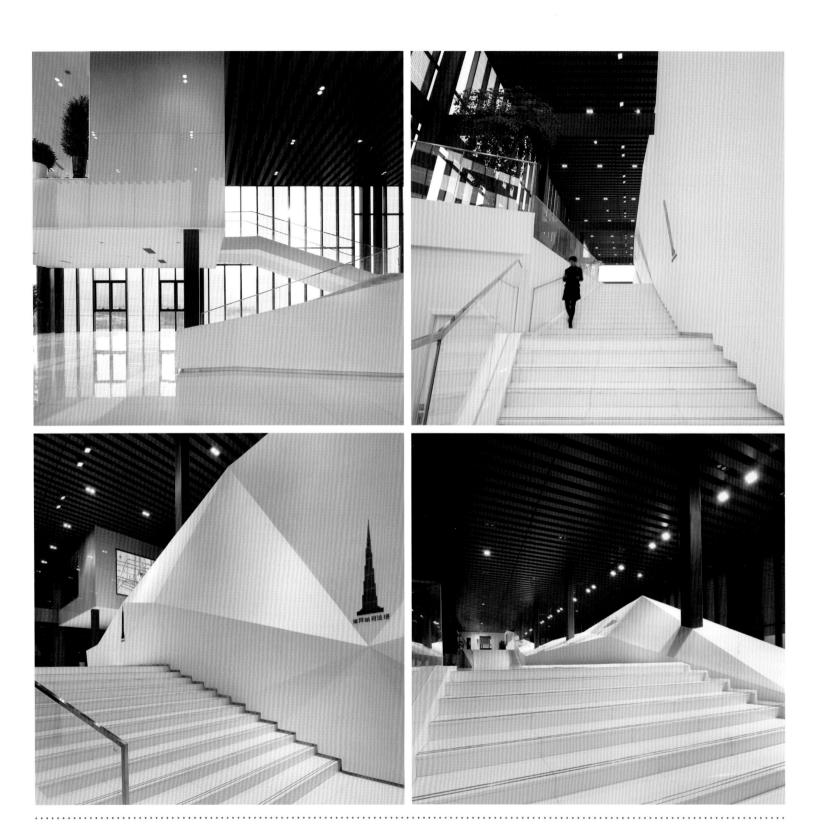

左1、:裸露的深灰色金属氟碳漆钢梁和钢柱增加了空间工业感

左2、左3、左4:入口大台阶

右1、右2、右3:地面为白色微晶石

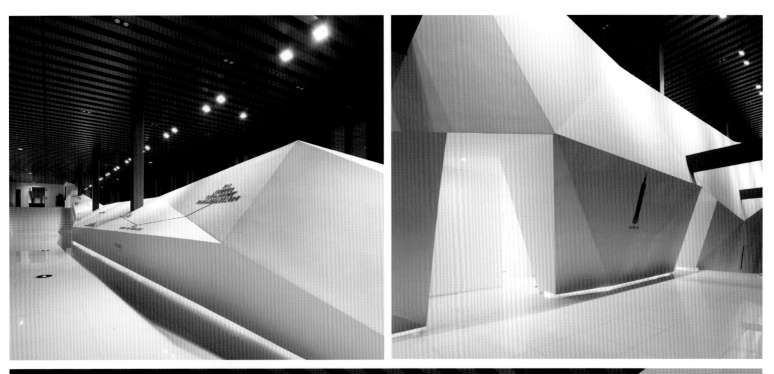

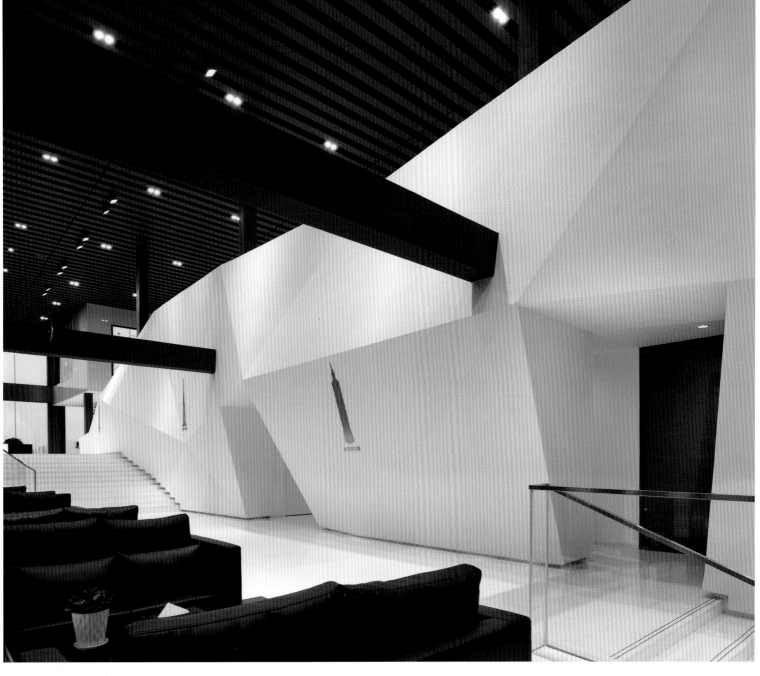

03

....

CHINA Interior design annual
business display

设计单位：郑州弘文建筑装饰设计有限公司

设计：王政强、李君岩

面积：810 m²

主要材料：乳胶漆、生态木

坐落地点：郑州市

完工时间：2013年10月

摄影：周立山

刚刚离去，但又想起，这是空间的开悟，秩序和情感在这里交织。

美祥1969是一家实木成品板制造企业，面对市场化的需求，需要有一个向大众展示的场所。博物馆、企业文化展厅、私人会所、销售中心、艺术中心，五合一的场景由外到内，没有销售只有情感。外立面的"大积木块"简单有趣地游戏般堆放，希望可以愉悦到我们紧绷的神经。

室内采用"回形空间"布局方式。参观时按照博物馆的参观秩序，由四周到中心，仿如剥离白笋一样层层打开，每一个节点的展现都是在为设计所要的结果做铺垫，期待的心情贯穿始终。由于空间的多方位穿插，访客可以从各个角度切入，产生不同的情景感受，犹如琵琶半遮面，更加促进访客产生对空间和产品的留连忘返的体验。

倒序的思考方式，从情景到产品销售，让设计的思考可以在似是而非的矛盾环境下触动每一名访客的心灵。

MEIXIANG 1969 CLUB
美祥1969会所

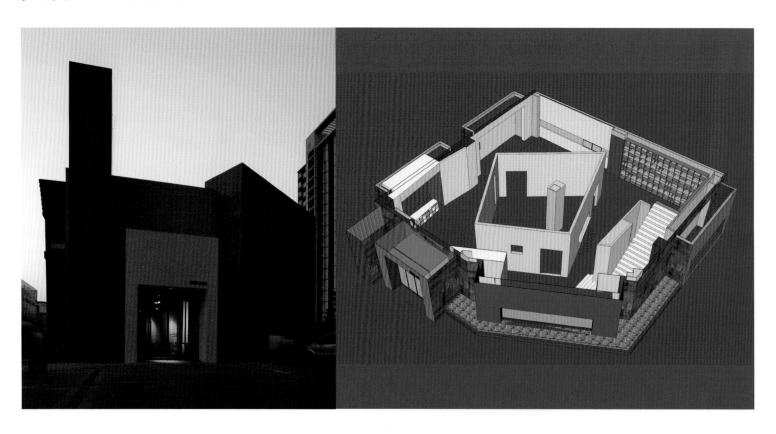

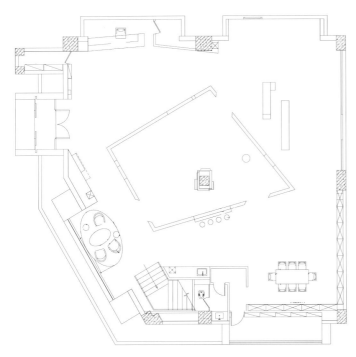

左1:建筑立面
右1、右2:室内采用"回形空间"布局方式

左1、左3、右2:多方位穿插的空间带来不同的情境体验
左2、左4、右1: 不规则的楼梯

左1、左3、右2:多方位穿插的空间带来不同的情境体验
左2、左4、右1: 不规则的楼梯

CHINA Interior design annual
business display

设计单位: 北京唯美同想环境艺术设计有限责任公司
设计: 靳全勇
面积: 380 m²
主要材料: 红砖、涂料、木材
坐落地点: 哈尔滨
摄影: 张奇永

天宏酒窖是一所安静、优雅、高端的私人品鉴会所，提供精致美食的搭配，餐与酒的精准配合让客人享受生活的艺术，品味美妙的人生，体验圣殿级的葡萄酒文化之旅。

酒窖墙面砌筑的红砖灵感来源于法国酒窖的红砖弧形穹顶，其他空间的墙面多以质感涂料为主。设计师用一种简单的方式来展现异域情调。空间中的不同区域在满足各自功能的基础上，通过线、面的关系来进行空间造型的塑造，从而传递出空间的艺术气息及品位。以地中海风格进行装饰的西餐厅，地面用四处搜寻来的拆迁木板铺装，带来古旧的老式韵味。中餐厅以中式为元素，地面以金砖铺装，带来传统的文化气息。

在火柴盒子中找到岁月的缝隙，回忆那遵从自然的奔腾年代。斟一杯法国红酒的浓香，赏一抹意大利红酒的色泽，品一口葡萄牙红酒的甘美，在浓浓的诗情画意中品尝真纯的佳酿，浪漫尊贵随之弥漫。

TIANHONG WINE CELLAR
天宏酒窖

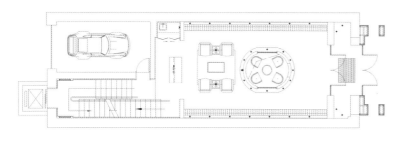

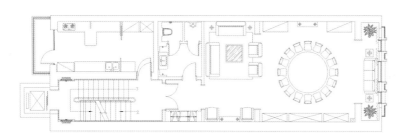

左1: 夜色中的酒窖
右1: 墙面红砖灵感来源于法国酒窖的红砖弧形穹顶

左1:充满质感的墙面
左2:中餐厅地面以金砖铺设
右1: 地中海风格的餐厅
右2: 由拆迁木板铺装的地板

设计单位: 杭州观堂设计

设计: 张健

面积: Flyke 370 m² /miss.li 205 m² /Sweet Basil 170 m²

主要材料: 红砖、木质、铁艺、水泥、窗格/花砖、花艺

坐落地点: 晋江/杭州/杭州

摄影: 刘宇杰

Flyke (飞克) 定位为美式时尚休闲男装, 崇尚 "简洁、舒适、自然" 的现代风格。在店铺设计主题上, 设计师重点抓住 "美式" 和 "休闲" 的主题, 寻找相关的表现符号, 如本质红砖、粗犷铁艺, 配以木质, 增添温馨氛围。

大气的外立面, 所有墙面、门楣与立柱, 都采用红色砖墙加白色勾缝处理, 不加任何修饰, 自然率性, 透露出粗犷休闲的风格。店铺内地面采用水泥与红砖的搭配, 水泥追求材质本色, 自然休闲; 红砖是空间的主要表现手段, 与外立面相呼应。墙面则部分由红砖砌成, 与地面及外立面呼应, 同时为防止大面积红砖使用引起视觉上的混乱, 将粗犷休闲与简洁舒适的比例控制在一个合理范围内, 将部分墙面进行刷白处理, 与局部白色吊顶相呼应, 使铺内的节奏控制得张弛有度。整体空间为了中和由红砖和水泥带来的粗犷感, 将木质运用到地面和道具等, 如货柜、层板、中岛桌、试衣镜等, 增加柔和的氛围。通过木地板、水泥、红砖三种不同

COLLECTION OF FASHION CLOTHING STORES

潮流服装店合集 (Flyke)

材质的穿插, 也正好对店铺进行了合理的分区。软装选择上, 灯具多为美式工业灯, 墙面装饰鹿头、怀旧相框与画面, 复古沙发与大挂钟, 将美式休闲、怀旧、自然的风格贯穿到底。

左1:墙面以红色砖墙加白色勾缝处理
右1:地面采用水泥与红砖的搭配
右2: 更衣室
右3: 灯具多为美式工业灯

business display
COLLECTION OF FASHION CLOTHING STORES
Miss . li

左1:外立面
左2:浪漫的窗格
左3: 白色的纯净梦幻空间
右1: 偌大的旋转楼梯充满想象

Miss.li 是纳文品牌新推出的另一女装系列，顾名思义，miss.li 就是莉小姐，也就是关于其创始人自己的故事。莉小姐从小对一切关于服装的事物充满好奇和热情，在她脑海中，一个完美的女人形象，应该是柔和的、迷人的、浪漫的、甜美的、充满爱心的，对生活积极乐观，对事业敢于创新的。

由此在店铺形象设计上，重点在于渲染年轻的、热爱生活的、积极向上的氛围。其中一个重要的表现手段便是窗格，店铺内的隔断、货柜、区域划分、试衣间，包括外立面的橱窗设计，都运用到窗格。有真实的、有虚幻的、有贴纸的、有玻璃的，各种类型的窗格，也象征着 miss.li 品牌的多元化，对新事物的充满好奇与高接受度。

同时这些女孩又是充满幻想、喜欢浪漫的，店铺内为她们打造出适宜的氛围，墙面上或实或虚的手绘、画框、挂钩，就像一间充满想象的画室，可以随手画上自己喜爱的线条。店铺中央，一个偌大的旋转楼梯，女孩们仿佛看到自己如公主般裙摆翩翩从楼梯上缓缓而下，瞬间心底融化。

左1:墙面伸出的树枝
右1、右2:干净的浅色调配以木色的温馨
右3: 细部

business display

COLLECTION OF FASHION CLOTHING STORES

Sweet Basil

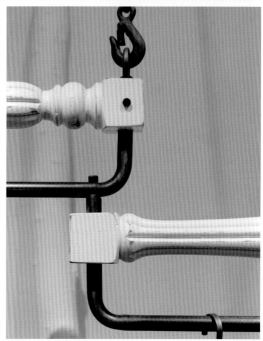

Sweet Basil，紫淑，源于欧洲的美妙香草，独有一种沁人心灵的香味，她的芬芳温暖而淡定、亲和而纯净、成熟而不做作，低调地让人在她的香氛中沉浸。紫淑品牌想为女性发掘出属于自己的不可缺少的独特女人香。

小资、知性、不失纯真可爱，便是 Sweet Basil 所追求的氛围，店铺整体处理为浅色调，干净雅致，配以木色的温馨，包括各类道具也采用木色和白色的结合，营造柔和温暖的气氛。店铺中精心设计了许多细节，衣服挂杆上横过来的欧式木栏，货架尽头弯曲的线条，更衣室内冒出来的木桩，墙面上"长"出来的枝桠，收银台背后的植物标本，充满了趣味性。如同一个兴趣广泛、品位独特的女人，不经意间展露出纯真可爱的本性，在 Sweet Basil 的店铺空间中呼之欲出。

CHINA Interior design annual
business display

设计单位: 厦门市环亚设计装饰有限公司
设计: 李学锋
面积: 47 m²
主要材料: 铁刀木板、木皮编织板
坐落地点: 厦门市中山路巴黎春天商场
摄影: 李学锋

设计从两个方面来展开：一是东方元素，紫砂壶为表现中国文化的特有艺术品，空间以 10 支 10cmX10cm 的方立柱与 10cmX10cm 的方横梁共同构成了空间柱网，并在节点上插入十字形小方块，以此体现中国特有的梁柱建筑文化，插入的方块同时以银拉丝加以变化，木构架节点通过地灯照射加以强化。二是时尚感，在大型高端商场内，时尚元素非常重要，来此选购的客户都是较为年轻且富有品位，所以时尚元素必不可少。因此以极简主义来表现这一精神，即极简的造型加上极少的材质及最少的色彩。

MINGHUXUAN
(PARIS SPRING STORE)
茗壶轩巴黎春天店

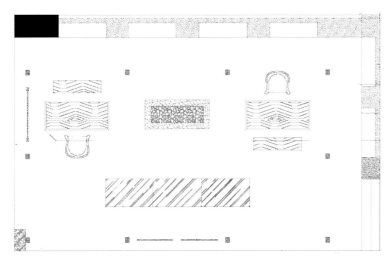

左1、右1:以方立柱与方横梁共同构成空间柱网

右2:紫砂壶展示柜

CHINA Interior design annual
business display

设计: 金选民
面积: 380 m²
主要材料: 旧地板、旧木料、水泥、钢板、乳胶漆
坐落地点: 上海泰康路
摄影: 金选民

本案是一个上下两层的摄影作品展示空间,本着艺术是相通的原则,设计师即由摄影师本人亲自担当。

两层外立面以大幅落地玻璃带来足够的视觉通透感,中间顶部以一个集装箱式的造型体成为视觉焦点,集装箱则通过二层的夹胶玻璃连接起展厅。设计师选用了大量拆迁遗留下的旧地板和旧木料铺设在墙面及地面上,并回收利用 20 世纪 30 年代上海老房子拆下的门作为空间隔断,古色古香中悠远的历史感油然而生。空间以明亮的黄色点缀,古朴自然的原木色铺陈,整体温馨自然。顶部未加修饰,尽量保持原有的构架,所有照明皆为摄影作品而服务。空间两侧各有一个缩进去的小阳台,挂着漂亮的绿植,斑驳的长椅和地板,配合户外的葱郁大树,自然之雅境仿佛已令时光停滞。

设计师充分利用回收的老旧环保材料,以现代简约的手法来表达,营造出一个现代与怀旧并存的别样摄影空间。

JINXUANMIN PHOTO GALLERY

金选民摄影空间

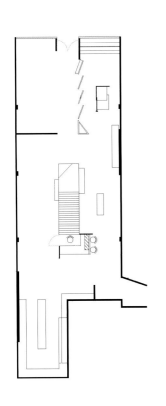

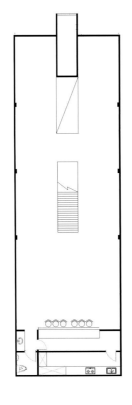

左1:通透的外立面
右1:拆迁留下的旧木料铺设在墙、地面上
右2: 老房子的门作为隔断
右3: 楼梯在中间位置

左1: 二楼展厅
左2:保留原有的梁部结构
右1:做旧的小阳台

CHINA Interior design annual
business display

设计单位: 汤物臣·肯文设计事务所
设计: 谢英凯
面积: 91 m²
主要材料: 阳光板、LED灯带
坐落地点: 广州
完工时间: 2013年12月

"ON/OFF"是此次设计周展位的设计理念。ON/OFF是一种设计的状态,在设计中呈现快乐,共同体验公共性、开放性、趣味性。ON/OFF是一种相对的思维,色彩、线条、空间都不可避免被赋予相对的状态,黑与白相对,开与合相对,虚与实相对,开放空间与封闭空间相对等。ON/OFF亦是物质的两面,情绪的浮沉,容器的开合,生命的存亡。ON表示忙碌,OFF表示闲适,ON和OFF之间的交替互换形成了常态生活。ON表示开放,OFF表示封闭,ON和OFF的相互融合影响着意念的波动。ON/OFF是一道没有答案的考题,你可以尽情思考与想象,每一种选择都会缔造不同的未来。用装置主题展的方式做一个临时展览空间,是本次设计周展览项目的新定位。空间部分是由三个半封闭与半开放的盒子组成,利用三维空间内的二维设计,营造视线错觉。在盒子外围选择了最常见的卡布隆材料,借由最简单的材质打造具有开放性和公共性的空间,让建筑从思考过程到实用阶段都更加轻便与环保,唤起设计的社会责任感。展区内尝试以多媒体交互体验设计的形式,通过影像这种意识形态诠释

STAND IN GUANGZHOU INTERNATIONAL DESIGN WEEK OF 2013——ON/OFF

2013广州国际设计周展位——ON/OFF

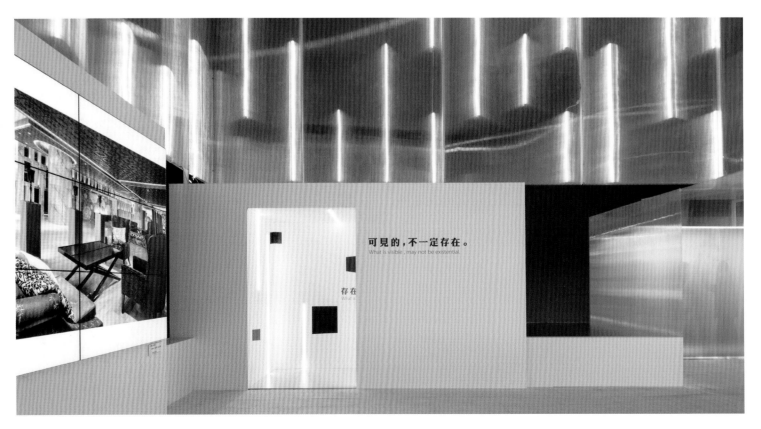

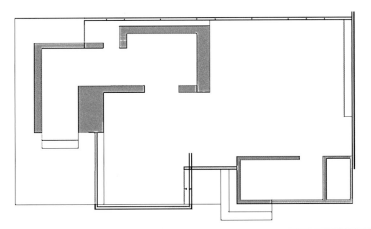

展览的主题。

展馆入口处以及天花吊顶上层迭的线条，让人的视觉时而二维时而三维，前进的过程仿佛在通往一个没有尽头的长廊。展馆内用阳光板材料围合，看似是个封闭的空间，半透明的墙面又不时透出朦胧的影像，宛如雾里看花。展馆内空间看似是全封闭，可处处都与展馆外相连通，在你认为通向外界的出口，却找不到可以推开的门，殊不知出口就在眼前，这便是本次展会"ON/OFF"想要传递的设计理念。

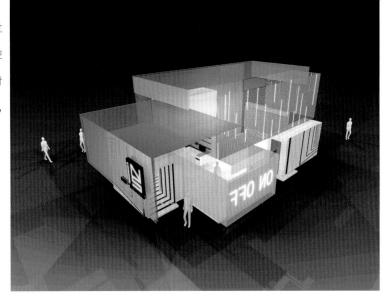

左1:以阳光板材料围合空间
右1:仿佛在通往一个没有尽头的长廊
右2: 半透明墙面透出朦胧的影像

设计单位: 四川奇美装饰工程有限公司
设计: 曾晖
面积: 400 m²
主要材料: 山纹墙板、文化石、黑色烤漆玻璃、茶色玻璃、镜面不锈钢、复合地板
坐落地点: 成都市红星美凯龙家居商场
完工时间: 2014年4月

本案设计对象为高端现代家具馆，设计风格为现代主义风格。吸收并提升欧洲古典主义风格，洞悉时尚新贵一族崇尚个性的需求，经过孕育、融合、强化设计手段的含糊性和戏谑性，设计师用妙手呈现出这一典范家具馆。

采用米白色、银灰色和褐色为主搭配。米白色、银灰色构建出现代的科技感，褐色地板则稳重厚实满含成熟典雅之气，现代和传统气息相辅相成，融为一体。根据展厅空间规划布置了多个不同产品单元的展示空间，自然结合在一起，干净利落，而隐隐透露古典元素的帽子式吊顶手法有效地将现代与古典完美融合。客厅的黑棕色沙发，鹅黄色地毯，银灰色橱柜，亮黑色方桌构建一个理想的会客场所。壁橱分区摆放书籍和工艺品，既具有观赏价值又有效填补了空间的单调空白。明亮的场景展示区内以米色为主，轻松愉悦感遍布客厅每一处空间。设计师崇尚简单，靠墙的米色橱柜，三角式的落地白色台灯，墙上的大幅装饰画，一切物品线条简单流畅，没有一丝繁复感。宽敞舒适的卧室展区采用暖色风格，红褐色地板，棕黑色床靠，

CHENGDU IMAGE STORE OF BEIJING DECCI
北京德驰家具成都形象店

左1:展厅内有多个不同产品单元的展示空间
右1、右2:客厅的黑棕色沙发搭配鹅黄色地毯

木质墙面，米色屋顶，米黄色墙壁，整体气息干净温暖而踏实。

整体空间完美的表达了德驰家居对高品质产品的诠释，为客人营造了逼真的家居体

验场景，树立了高贵典雅的德驰范儿。

CHINA Interior design annual
business display

设计单位: 四川中英致造设计事务所
设计: 赵绯、龚骞
面积: 3970 m²
主要材料: 指接板、枫木饰面板、黑色烤漆玻璃
坐落地点: 成都市新都区
完工时间: 2013年10月

第一次接触北欧知识城3G创智中心,无一例外,都会被其色彩对比强烈、后现代风格彰显的建筑外立面所吸引。建筑物与生俱来的动感、活力气息扑面而来。建筑内部以浅黄色为主色调。木质墙板,木质书桌,木质沙发,简单干净而不失高贵典雅。接待大厅以浅色为主,辅以醒目的黑色,一股清新的气息扑面涌向初入大厅的客人。接待台采用齐人高几字型造型,配几把独具匠心的小圆高凳,瞬间把客人带入亲切交流的氛围。大厅右侧的拜访室,浅灰色地毯,淡黄色墙板,几组亮色的沙发,配上黑色的墙饰,呈现出简约欧风。而整面几何图形的壁橱设计,从上而下错落摆放的书籍、酒水、小盆景、小油画,以及壁炉的加入更是注入了家的柔和感觉。办公间宽大的落地玻璃门,简单干净的地板墙板,几何形的房屋空间,点缀或浅黄或浅绿的小家具,简单而不单调,给繁杂思绪送去一丝清凉简单。健康而充满活力的木质内饰,任由办公者思绪尽情驰骋。宽阔舒适的休息沙发,柔和的米色落地灯,浅色矮桌,累了困了,仅需几步便可进入一个安详

3G POWERISE CENTER OF BEI'OU KNOWLEDGE CITY

北欧知识城3G创智中心

柔和的小天地尽情休憩。

设计师把简单、干净、明亮的气质表现得淋漓尽致，活力动感的建筑构造定会和

思想者蓬勃的思绪碰撞出精彩的智慧火花。

左1:几字型造型的接待台
右1:简约欧风的拜访室

左1、左2:几何形的空间
左3、右2:小家具点缀空间
右1: 可爱的木质内饰

CHINA Interior design annual
business display

设计单位: 姜峰室内设计有限公司
设计: 姜峰
面积: 110000 m²
主要材料: 天然石材铝板、复合木地板、艺术玻璃、透光软膜，乳胶漆
坐落地点: 北京

北京悠唐生活广场位于北京市朝阳区三丰北里二号，是一家集购物、娱乐、休闲于一体的综合性购物广场，拥有京城最大的室内中心广场、最丰富的特色餐饮美食总汇、最具特色的空间 SHOW 场等，是北京最具有活力的绚彩综合体。

体量占 110000m² 的悠唐生活广场采用典型的街坊式布局，旨在打造朝阳地区第一个广场式商业广场项目。整体商业设施都在外围道路围合起的街坊内组织规划，采用步行区的方式，同时又与外部交通相联系，便捷而独立，"购物＋美食＋娱乐"的综合性消费布局为商务精英提供了位于城市中心的自由享受。

商业空间设计中尤为重要的即是空间的流动，主要分为虚拟和现实两种，其中虚拟的空间流动是指通过高科技影象等手法形成空间上的变化，让空间成为流动的空间，使人在里面穿梭就像在空间中漫游；而现实的空间流动则是为了使展品和观众更接近，更好地为产品做宣传。

设计师在整个展示过程中调动一切可以配合的因素，在造型设计上力求特色，在色

U-TOWN LIFESTYLE CENTER
北京悠唐生活广场

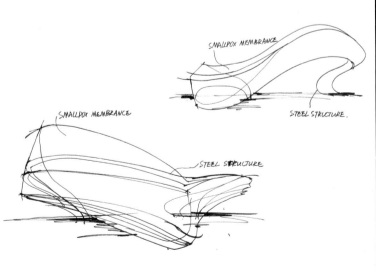

左1:建筑外观
右1:钻石商店

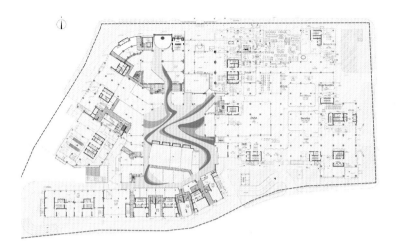

彩、照明、装饰手法上别出心裁，在布置方式上展示人性化的设计，给顾客营造一个舒适、温馨的购物环境。

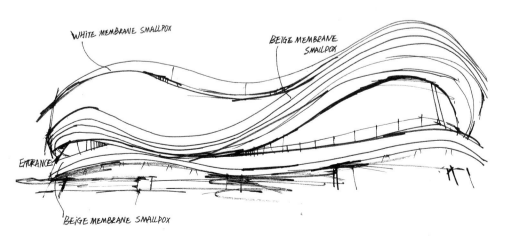

左1、左2:广场采用典型的街坊式布局
右1:电梯

左1、左2:广场采用典型的街坊式布局
右1:电梯

CHINA Interior design annual

entertainnment leisure

设计单位：南京筑内空间设计顾问有限公司

设计：陈卫新

参与设计：徐云飞

面积：615 m²

主要材料：旧木板、红砖、银镜、硅藻泥、乳胶漆、老家具

坐落地点：南京市中山南路 555 号六角井

摄影：文宗博

青果里包含青果咖啡、青果吧、青果客舍三个部分。项目整体秉持青果一贯的怀旧风格：红砖砌花墙、红砖铺地的庭院，老榆木的户外家具，接雨的陶缸，绘满心情的黑板，处处透露着 80 后的文艺范。咖啡馆里凹凸不平的红砖墙，颜色各异的旧木板拼接而成的吧台，布面样式各不相同的沙发座椅，让这个独立于整个青果建筑之外的小咖啡馆静谧而温馨。

青果酒吧兼做客舍的门厅，时尚的灯饰及破碎的配饰让整个空间糅合出一种独特的现代体验。青果客舍作为青果里的主要功能，每一个客房都不相同，无论是七八十年代的小电视，还是与床一墙之隔的小泡池，乃至彩色旧木板拼接的衣橱家具，都给人温馨怀旧的感触，实现项目文艺小清新的定位。

TINGOO INN

青果里

左1、右1：红砖小院

左1、左2、左3: 错落的空间院落

右1: 处处透着文艺范

右2: 简单的卧房

CHINA Interior design annual
entertainnment leisure

设计单位: 自由设计师
设计: 张斌
面积: 2000 m²
主要材料: 橡木、金属帘、青砖、金砖、竹木地板、石材、织物壁纸、夹丝玻璃
坐落地点: 江苏南通
完工时间: 2013年12月
摄影: 张斌

坐落在江苏南通市中心的"zen spa"是一家高端spa会所, 如同一朵充满了禅意东方韵味的"花朵"悄悄绽放于南通的闹市当中。"zen"的中文意思是"禅","境"取自"zen"相似的发音。顾名思义, 我们希望给空间塑造出一种充满了禅意东方的韵味, 使人能够达到忘我的至高境界。

对于一个spa项目来说, 拥有4000平方米的面积, 体量不算小, 我们把它一分为二, 设为绅士馆和名缓馆两部分。为了表现大气成熟的绅士感, 在设计手法上力求简洁干练。利落的线条, 大块面的处理, 使得空间大开大合, 毫无拖沓之感。在用材上经过缜密的考量后, 选择了深色的木面、天然的石材以及棉麻布料, 再配合现代感十足的钛金、玻璃砖等, 形成细微低调的反差对比。在照明设计方面想营造一个低照度的整体氛围, 使人能够迅速沉静下来, 同时又让局部角落和家具饰品成为视觉亮点, 从而做到了明暗交相辉映, 层次利落分明, 这种"见光不见灯"的做法, 使得整个空间通过灯光的变化, 有了种静宜内敛的气质。

DAJING SPA MEN'S STORE
大境 spa 绅士馆

希望通过我们的设计，能使每一位宾客找到一处宁静的寓所，享受贴身的护理和放松，从而展现出新的行动能量和精神面貌。历经风雨后洗尽铅华，焕然一新。

左1: 公司LOGO
右1、右2: 空间线条干净利落

CHINA Interior design annual
entertainnment leisure

设计单位: 名谷设计机构
设计: 潘冉
面积: 800 m²
主要材料: 复古砖、泥胚、人造茅草、树皮
坐落地点: 南京中华门内
完工日期: 2013年12月
摄影: 文宗博

城南的历史就是南京发展的一部浓缩卷轴, 老城南地区作为南京文化的发源地, 在箍桶巷明城墙内侧, 江宁路至张家衙段, 存在着一条保持了历史风貌的古韵颂雅街区, 内部的建筑形式皆按中式传统为依据保护复建。如何在营造出带有西方艺术特色的啤酒屋氛围的同时又做到与现有的中式建筑形式包容并举、兼收并蓄, 设计师认为, "挖掘共性" 即 "求得和谐"。

在空间的梳理上, 酒屋东侧紧邻主要干道箍桶巷, 此要素确定了主入口的位置, 由此步入至吧台、乐队表演区、中心体验区和酿造工艺展示区, 这几大块空间序列的层层传递形成中心轴线。座位环绕中心区域布置, 所有来宾皆可观赏到乐队的精彩表演并体验到啤酒工艺精湛的酿造过程。南侧设有户外经营区, 在经历了700年风霜的明城墙脚下, 对这座千年故都的古老记忆瞬间被唤醒, 敬畏之情油然而生。

酒屋二层的轴线由中式屋脊所引导, 设计师细心地将所有繁琐的设备管线一并整理收纳于屋脊两侧的吊顶空间中, 二层的功能轴线亦与空间轴线保持走向的统一性, 条形

BEER HOUSE ON EGRET ISLAND
白鹭洲啤酒屋

左1: 外景
右1、右2: 空间序列的层层传递形成中心轴线

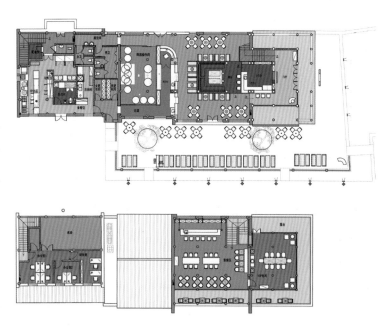

布置为主题。开敞流动的大空间设计，使得二层即使作为派
对空间使用也游刃有余，丝毫没有局促感。东端的私密包厢
保留着最传统的木雕花门窗，在内部细节上则加入了西方的
一些艺术元素并经细致反复地推敲比例关系。空间传递给体
验者拒绝轻浮俗艳的态度，彰显出的是男人般的坚韧、含蓄、
深沉和包容，世人称之为"绅士品格"。酒屋上下层的空间
由水晶般剔透的发光楼梯贯通，东侧主入口直接进入，具有
良好的识别引导性，流线便捷。

在材料的选择和运用上，设计师大胆选用了教堂玻璃，此刻
被更替为中国花布的图案，中国的色彩和图样，用西方的建
筑语言诉说中国的故事，流光溢彩，东西文化的冲撞中令人
惊奇得求得了平衡。设计师还将一些合乎习俗象征性的特
征外化为创造性的新形式，例如泥胚夹杂稻草的混合墙面、
茅草制作出的灯具、用树皮拼接而成的吧台等，塑造出了具
有地域特色的情感空间，以致敬当地的文化艺术。

04

CHINA Interior design annual
entertainnment leisure

设计单位: 深圳市新冶组设计顾问有限公司
设计: 陈武
参与设计: 张春华、吴家煌、代浩
面积: 1100 m²
主要材料: 土耳其灰大理石、热带雨林棕大理石、松香玉透光石、山东白麻、
美国灰麻、紫竹文化石、艺术漆
坐落地点: 马来西亚吉隆坡
完工日期: 2013年10月

这里是吉隆坡最繁华的市中心, 车流在这里各分东西, 圆弧形如同飞碟一样的 SOJU酒吧伫立面前, 外立面上是醒目的LED大屏以及香艳的酒吧广告, 入口处却是规规整整的四方形, 四扇玻璃大门依次排开, 墙壁上充满西域风情的马灯闪着柔和的光辉。拥有双子塔, 也弥漫着多民族聚居的独特风情, 这就是吉隆坡, 一个多元文化交流碰撞, 传统与现代并存的城市, 从满足不同族群审美作为出发点, 设计师从外立面开始, 一直到经营业态和酒吧内部的设计, 都无不紧扣冲突、对话与多元化。

SOJU既有浪漫闲适的咖啡吧, 也有动感刺激的酒吧, 以适应不同需求人群的消费。咖啡吧位于四扇大门后的区域, 照片墙与撞色是空间的主题, 黄色墙面与紫色餐桌椅相映成趣, 相框内的大幅音乐人照片与墙上贴着的各种记忆瞬间照片相互对望, 木质的吧台与地板与文化石构成的墙面相互映衬。

在通过由绿色射光交织的通道后, 柔和明亮的光线变得暗淡暧昧起来, 深色系成

MALAYSIA SOJU (KUALA LUMPUR STORE)
马来西亚 SOJU 吉隆坡店

为空间的主色调。在幽长的走道两侧，具有古典风格的木质墙面中却夹杂着钢筋铁条般的栅栏，猎奇的心理油然而生。步入门内，别有洞天，整个空间的中轴线就是T台，对面则是一面巨大的LED屏幕，两侧密集的射灯从不同角度照亮了这本应黑暗一片的白色路径，仿如星光大道，当DJ的音乐响起，光、影、声、乐、舞者与四周散台上舞动的人群们一起狂热地摇摆，要把这属于尘世的烦恼统统抛在脑后。场地边缘的沙发区域内宽大的皮质沙发与金属质地的栏杆围成卡座区域，射灯闪过，闪着金属色彩的茶几时隐时现。

多元化的空间元素，需要用多元化的材料来凸显，设计师的选材几乎遍布了整个世界，从土耳其灰大理石到热带雨林棕大理石，从山东白麻到美国灰麻，从艺术漆到氟碳漆。冲突与对话始终是整个空间的主题，设计师的创新在于将不同元素的装饰材料进行了有机的融合。

左1: 外立面的LED屏
右1: 皮质沙发与金属色彩的茶几
右2: 空间中轴线就是T台

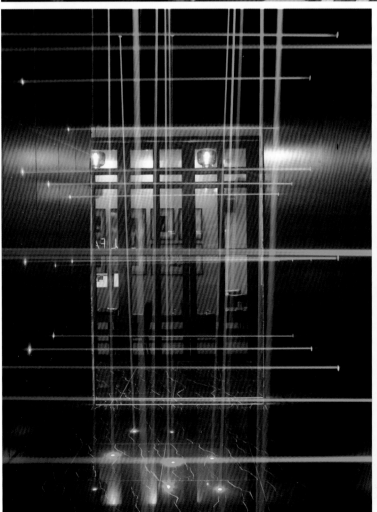

左1: 场地边缘的沙发区域
左2: 绿色射光交织的通道
左3: 通道
右1: 咖啡吧内照片墙是空间的主题
右2: 富有冲击力的玻璃隔断

05

珺仕bar La'Gents是专为优雅人士开辟的享受高级饮品、举办沙龙聚会的服务场所。

区别于时下流行的社会酒肆，珺仕是五星酒店餐饮活动场所的街边移植，全面呈现高级雅致的水准和品位，面带傲气地挑选着具备鉴赏力的客人。其物料、工艺乃至细节，都极尽考究、耐人寻味，为恒久的生命力夯实了基础。分别对应珺（Ladies）与仕（Gents）的水和竹的设计语汇，变化着各种形式镶嵌在空间中、镌刻在器皿上，等待客人的发现和玩味。而唱片骑士Vincent Shih和钢琴才女Jessica Ma联袂调制的曼妙乐音，经由隐身在界面中的精巧扬声器的娓娓放送，给蜷在高级定制座椅里品啜着美酒佳酿的绅士淑女，更添几分眷恋流连的情怀。

设计单位：朱永春设计有限公司
设计：朱永春
参与设计：俞建宾、唐俊峰、高坚
面积：300 m²
坐落地点：江苏省南通市

BAR LA'GENTS
珺仕

··

左1、右2: 雅致的空间

右1: 入口处

左1、左2: 散座区域
左3: 水和竹的设计语汇融入在空间中
右1: 空间宛若一首曼妙的乐曲
右2: 卫生间细部

06

....

CHINA Interior design annual

entertainnment leisure

设计单位: 北京唯美同想环境艺术设计有限责任公司

设计: 辛明雨

参与设计: 王健、王晓娜、王雷

面积: 640 ㎡

主要材料: 不锈钢管、玻璃钢、马赛克、水泥

坐落地点: 哈尔滨

摄影: 张奇永

如今，繁华的都市，绚烂的霓虹，美好的让人们陶醉在这个时代，当浮华充斥了这个世界的时候，是做它的奴隶，还是被它遗弃？

现实社会不会因为某个人的意愿而有所改变，反而灯红酒绿、车水马龙的快速生活节奏影响着人们的心态。人们常在浮华中等待自己想要的未来，有些感怀曾经迷失方向，而又有多少人可以坚守最初的梦想，不为五斗米折腰呢。处在这个欲望丛生的时代，难以看清浮华背后的真实，心灵世界仿佛也蒙上了灰，冷漠而疲惫，不再保持纯真与阳光，随之而来的是抑郁和孤独，这种心灵深处的呻吟声让人想要逃离，去寻找一个属于自己的空间，在这里找回真实的自己。

在天缘会馆里，你可以独坐在角落，让斜阳照在脸上，回忆最初的梦想，整理好思绪，勇敢地蜕变。或是脱下面具，疯狂地舞蹈，呼喊和尖叫，任声音穿过胸膛抚平寂寞。

无论哪种都能避开浮世的嘈杂，让心灵舒展，给自己一个反思的机会。浮华也好，质朴也罢，重要的是找到心灵的归宿，做真实的自己。

TIANYUAN GUILD HALL

天缘会馆

左1、右1: 蓝紫色和玫红色的魅惑

左1: 上方夸张巨大的装置

右1: 变异的屋顶

右2: 深邃的楼梯

右3: 诱惑就在门后

07

....

CHINA Interior design annual

entertainnment leisure

设计单位: 上海大样工作室

设计: 申强

参与设计: 冯程程、王建平、李振国、戴森华

面积: 800 m²

主要材料: 黑胡桃木、铜板、玻璃、橡木、角钢、夹丝玻璃

坐落地点: 深圳市福田区

完工时间: 2013年11月

摄影: shen-photo.com

设计灵感来自于人体七轮,空间平面图似一个侧面打坐的人,空间中的七根柱子对应人体七轮,平面规划依据七轮展开。海底轮、脐轮、心轮为欲界,对应区域规划为茶的展示,以茶悟道,茶禅一味。脐轮在人体中是神经丛中心,由此处向外分散六十四根脉,在此区域用六十四根角钢围合空间意向。喉轮、眉间轮、顶轮为色界,对应区域规划为禅修区。梵穴为无上戒,对应区域规划为禅房。

本案设计之初并没有限制空间的性质,没有了限制,可以根据使用功能变化为所需要的各种空间,一天的演讲,一个星期的禅修,两个星期的茶艺展,三个星期的画展,一个月的艺术展览等。空间也可以根据使用功能自由调整使用面积的大小,去掉单元隔墙,没有内外,没有分别。

生活馆特别设计出了一款长短两种规格的书架,看似普通而奥妙就在于背面突出的背板,使得书架在自由组合叠加时可以互相咬合,成为组合书架的结构。书架根据不同的空间自由变化组合,各种图书拾手可得,书与书架达到完整的统一协调。

CHAKAS

七轮

经过组合，还可以变化为矮凳、书桌、展示架、吧凳等。而木盒子可以重复地不停利用也是设计师对于再生环保的思考。空间中最大的一个盒子位于水池上方，通过 ipad 控制移动，它移动到不同的位置便产生新的功能。当木盒子沿着水池上方滑行到禅房时，变成进入禅房的一个私密门厅，当木盒子两边的折叠门打开，与禅房可连为一个更大的空间。继续滑行它变成入口等候区、舞台区域或演讲台、古琴演奏室、红酒吧等。顶面七个大小不同的定制圆环也对应着人体七轮，不仅起到照明作用，更可用来分割变化空间。圆环内藏电动轨道，用 ipad 控制轨道布帘滑动围合为七个大小不同的私密空间，可饮茶，可会议，甚至可以变身成为餐厅包房。对于七轮与庄子之曲解，自觉愚戆，识虑肤浅，浅尝辄止，用以悦性陶情，不可相信。

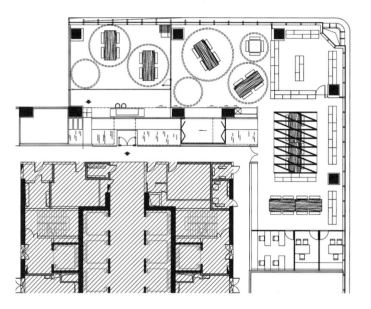

左1: 空间平面图就仿似这个侧面打坐的人
右1: 水池上方的盒子可移动到不用的位置
右2: 饮茶空间

左1: 进入木盒子
左2、左3、右1、右2、右3: 书架可自由组合叠加变化出各种用途

08

设计公司：北京瑞普建筑装饰工程有限责任公司
设计：田军
参与设计：林雨、全宏博
面积：900 m²
坐落地点：上海市闵行区金汇四季广场
完工时间：2013年10月
摄影：董贵宝

Tata Coffee 上海金汇四季广场店，在趋向于对"无意义"的追求之下，她他咖啡的格调有点难以被定义，文艺且怀旧，朴素且优雅，暂且称呼它为"精英屌丝"范儿。三层楼近 900m² 的空间提供了 240 个座位，在空间实用功能的考虑上，既提供了一楼铺满阳光的开放式小阁楼，也有二楼相对幽暗静逸、可以点上烛光的空间。而三楼提供的选择则更加丰富，既有开放式的懒人沙发，也有私密的集装箱式卡座，一侧小屋子则为小型私人聚会提供了可能。设计上大量地使用现成品，墙面保留了水泥墙拆除后的痕迹；回收的书本被悬挂在吊灯之上；重新组装的集装箱既是空间的分隔物，同时本身也构成小空间；没有经过抛光打磨的老木头则显得无处不在。包括桌椅、窗框都是老旧家具的重新整合，这些经过设计和细节处理的木头得以重新焕发生机，也许掉了漆的斑驳中尚存有昔日最纯真的情感。

二楼水泥墙面上许多颜色各异，从各处旧标牌上收集而来的字母，组成了属于这个时代所特有的梦想追求，但现实的它们是拼凑的、破碎的、零落的、无用的。那些

TATA COFFEE
Tata 咖啡

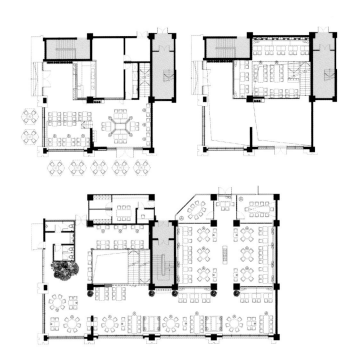

世俗的梦想与现实世界之间的屈从、妥协的关系，似是而非，看似光鲜实际上是不堪认真的窘状。一层空间大而开阔，巨大的落地玻璃窗将屋外灿烂的阳光引入室内。夹层及二层则私密而温暖，黄昏般温暖的碳丝灯照耀着波普风格的原创涂鸦，时而能偶遇一件李鑫宇或闫磊或牟柏岩的雕塑。难得空置出来的墙面则被精心布置上了由 hi 小店供应的版画及原创作品，满墙缤纷，又与整个空间气味相投。在这里艺术和生活的关系不是艺术占领生活，而是融入生活。我们可以艺术的生活，也可以生活的看待艺术。希望艺术与生活在一个平台之上，不让艺术在其中占主角，也不想让生活成为背景，而是艺术与生活完全融为一体。

左1：开阔的空间
右1：绿植与艺术品相伴
右2：水泥墙面上是从旧标牌上收集而来的字母

左1: 串串黄昏般温暖的碳丝灯

右1、右2: 有趣的雕塑作品

....

CHINA Interior design annual
entertainnment leisure

设计: 徐茂华
面积: 1070 m²
坐落地点: 南京市天元路
完工时间: 2014年2月

星空咖啡，位于南京江宁科技创业投资集团内，环境优雅，大隐于市，是无数创新创业梦想者集聚的空间，思想火花碰撞的空间，各种科技金融资源汇聚的空间。设计者敏锐地把握了这一脉搏，在设计上见物更见人，大胆使用自然质朴的材料，营造一个既能让人激情四射，仰望星空，又能让心灵平静，脚踏实地的现代人文空间。

粗质感的木材和原石，搭配金属铜制品，营造出朴实自然的风格。整个创意过程，设计师注重室内外造型的比例和对景，并力求在软装与硬装之间找到平衡。在家具的选择和室内陈设的摆放上，以舒适、休闲又不失人文气息的标准来与厚重的空间相调和，这些材质的完美融合很好地诠释了本案的精髓。

举目窗外，庭灯点点，日月之行，若出其中，星瀚灿烂，若出其里。奇花异木，四时美丽，广罗眼底。春华秋实，若出其间。使疲倦者流连，使迷茫者振奋，此时或品茗，或咖啡一杯，吐心中之块垒，谈事业之苦乐，无不尽得其所。

KECHUANG COFFEE HOUSE
科创咖啡厅

左1: 院落
右1: 咖啡店入口
右2: 粗质感的木材和原石搭配金属铜制品

CHINA Interior design annual
entertainnment leisure

设计单位: 深圳市新冶组设计顾问有限公司
设计: 陈武
参与设计: 张春华、吴家煌、代浩
面积: 1073 m²
主要材料: 裂纹砂岩涂料、雅士白大理石、拉丝黑钛金、亮面钛金、玫瑰金镜面不锈钢
坐落地点: 东莞市东城区新世界花园
完工日期: 2013年9月

CANNES CLUB 康城名仕会酒吧坐落于东莞最负盛名的新世界酒吧街,1000 多平方米的娱乐空间,耗资 1000 万元打造,成就了东莞最高档的商业娱乐场所之一。设计师以尊贵、典雅、现代、奢华的混和设计风格将其营造成为一个可放松身心,宣泄情感,随性而为的休闲时尚场所。通过光、色、影、音的完美结合,以富有质感的设计风格同时亦契合 CANNES "打造品质夜生活"的品牌理念。

酒吧外立面辉煌的古罗马风柱状结构大气豪放,打造皇室宫廷般的雍容华贵之感,店面在夜晚格外闪耀夺目。接待红毯由室内接待厅延伸至室外,呈现迎宾之势。进入接待厅,不锈钢材质的墙体及灯饰营造出干净利落的精简质感。不规则的镂空工艺吊灯造型优美,与层层叠叠的框状镶嵌式墙壁形成结构上的方圆对比,又达成材质上的整体统一。

大厅内的空间豪迈通透,顶棚使用黑钛金与氟钛漆的材质混搭,造型上以无尽蔓延的不规则圆形呈现,与乱型贝壳状网贴基面交相呼应,营造出一种水波般的动感。

CANNES CLUB

康城酒吧

卡座与散座区域使用现代铁艺栏杆作简单隔断。开放式的空间是外向的,它可以产生一种开朗、活泼、接纳的心理效应,给夜场空间带来强烈的趣味性,同时更好地满足娱乐空间内人群高流动性的基本功能需求。

包房内空间则沉静中带着活泼的欢愉感觉,沙发背后整面墙壁以雅致的欧式栏杆作隔断,视觉上通透清新。皮革与钛金拼接而成的画框墙,赋予复古以新意。天花中心区域大大小小的浮雕字,质感厚而不重,经典而时尚。在走廊、大厅入口处、楼梯休息区精心布置了各种优美的后现代风格家具摆件,从细节处将整个空间打造得更加曼妙而耐人寻味。

在空间整体布局方面设计师充分考虑到大众的审美感受,细腻吻合大众的口味的同时力求个性主张和创意。整体风格兼容并蓄,以期创造一种融感性与理性、集传统与现代、揉大众与行家于一体,即"亦此亦彼"的开放式设计。

左1: 外立面大气豪放
右1: 细部
右2: 大厅顶棚用黑钛金与氟钛漆的材质混搭

左1、左2: 充满激情的内部空间

右1: 空间局部

右2: 走道

右3: 包间内沉静中带着活泼

设计单位: 汤物臣•肯文创意集团
设计: 谢英凯
面积: 1073 m²
坐落地点: 南京

有音乐，有酒，还有很多的人，这是传统观念中人们对酒吧的印象，任谁都无法阻挡内心对狂热酒吧的向往与依赖。每当夜幕降临，都市中灯影闪烁，ENZO Club 便是金陵城中最闪亮的夜名片。

围绕"玩乐"、"互动"、"愉悦"三大设计需求，将功能与装饰、科技相结合，令 ENZO Club 独具特性。颠覆常规酒吧的动线分区，在前厅处增加与玩乐相关的商品售卖区域，各类时尚产品方便客人进行主题派对，同时还配有 Lomo 相机出租服务，让每个开心的瞬间能够即刻呈现，并永久珍藏。让 DJ 与客人、Dancer 与客人以及客人与客人之间开心互动，除了以半包围布局加散台的形式强调感观交流，还将场内卡座全体解放，扩大活动空间，让客人可以根据人数、玩法自由组合出座位形式，制造活跃气氛。当音乐转场舞台会跟着转变，动感的 LED 屏幕前移动门打开，舞台延伸至屏幕，Dancer 惊艳出场，通过地面 LED 的动感处理，辅以淋水式舞台设计，平面与立体双重结合，全场每个角落都可享受丰富激情的视觉体验。

ENZO CLUB
ENZO CLUB

左1、右1: 金色奢华空间
右2: 绿色通道
右3: 绚烂舞台

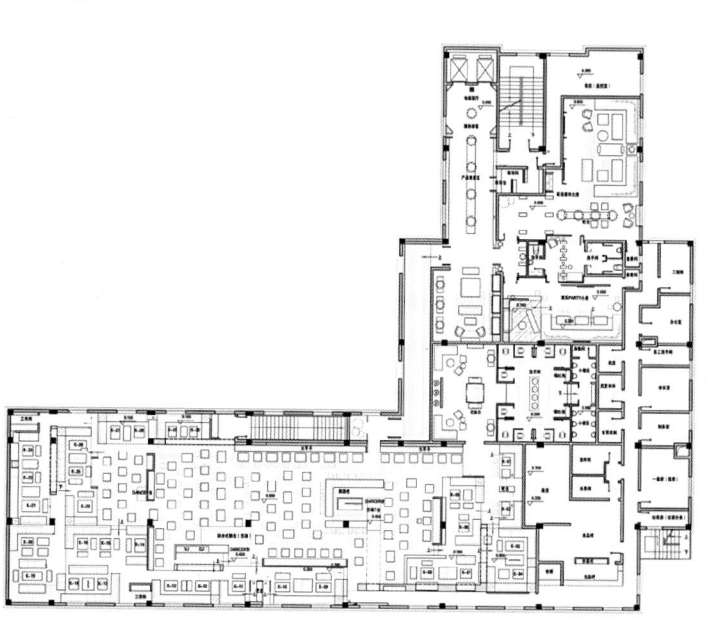

整间酒吧以暖灰色主调铺陈简约时尚的设计手法，营造出专属都市时尚的 Lounge 格调，加入紫色、金黄、湖蓝、火红的光影，让空间层次更为立体与丰富。让视觉、嗅觉、感觉、听觉、触觉五感感知魅惑的气质，令 ENZO Club 成为潮流人士的聚集地，同时也成为南京城中娱乐新地标。

CHINA Interior design annual
entertainnment leisure

设计单位: 宁波矩阵酒店设计有限公司
设计: 王践
参与设计: 毛志泽、宋国锋、廖永康
面积: 10000 m²
主要材料: 铝管、大理石、艺术马赛克、成品木饰面、成品地板
坐落地点: 浙江省台州市
摄影: 刘鹰

本项目体量庞大，且置身五星级酒店辅楼，市场定位为高端消费人群，对传统娱乐空间浮华、艳丽的装饰手法发出挑战，使空间不仅成为艺术品，更是公众使用者的天堂。设计师始终坚信，娱乐氛围的营造绝不仅是靠空间本身的浮华堆砌完成的，而是置身空间的主体，即参与在空间中的人群，是由人们身上多彩的服装、欢快的笑声及愉悦的交流互动共同营造出来的。在装饰手法上摒弃繁复琐碎的造型，以简约现代甚至夸张的手法来表现空间。通过大块面的色彩与干净利落的几何体块，形成穿插与对比，建立强烈的视觉冲击并寻求平衡。尤其在公共空间的处理上，色调和造型素雅而沉静，但空间的尺寸和维度却带来气势的强烈存在感。

空间的布局经过精确计算与规划营业区域与共享空间、后场空间的比例关系，严格遵循消防疏散等安全要求，强调交通动线与人流组织，做到对内与对外两大服务版块的顺畅与便利。大量运用易加工成型、可再生且达到防火等级的铝材，工业化的流程大大降低生产安装成本。大量运用幻彩及陶瓷马赛克，利用其多变的色彩和细

DRAGON PALACE NIGHTCLUB
大公馆娱乐殿堂

左1: 镂空隔断围隔起的空间
右1: 细部
右2: 巨大的锥形吊灯

腻的质感装点空间，让传统的陶瓷、玻璃类建材与新型的金属类材料在同一空间中和谐共生。

空间体量宏大，尺寸与维度十分震撼又不乏舒适。色调与装饰风格自成一派，简约整体的装饰手法和坚固耐用的装饰建材也大大降低了经营者的维护、保养成本。

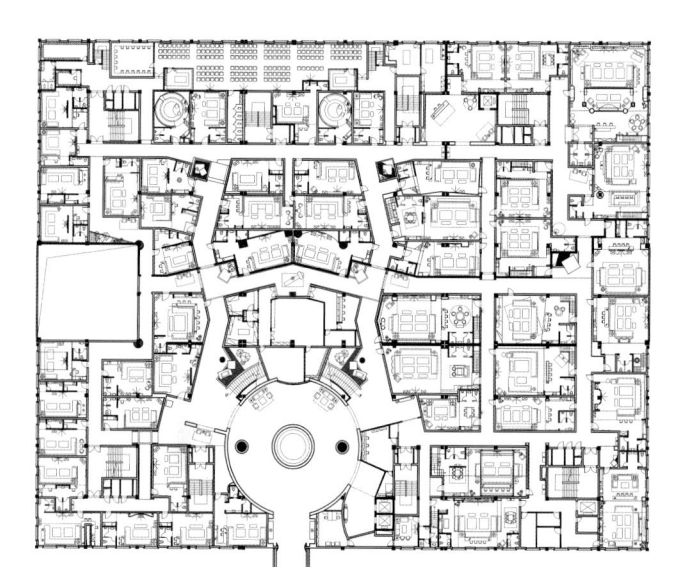

左1、右1: 包间

左2: 走道

右2、右3: 空间的尺寸和纬度有强烈的气势感

CHINA Interior design annual
entertainnment leisure

摈弃纷繁复杂的夜场手法，将型、色、质三要素在空间自由交替。通过对空间界面的两种手法的对比，"解构"与"流体"的有机统一，黑暗的重调与专业灯光的完美调和与呼应，动态实足的空间呼之欲出。在解决噪音问题的前提下，设计出各种转折形功能"声锁"，动线多变，聚强烈体验感。

设计单位: 无锡市观点设计工作室
设计: 吕邵苍
参与设计: 胡强、齐明
面积: 1000 m²
主要材料: 灯具: Tom Dixon 音响: MARTIN
坐落地点: 江苏苏州
完工时间: 2013年8月
摄影: 文宗博

I DO
I DO 酒吧

左1：醒目的入口

右1、右2：蓝色光束交织的梦幻空间

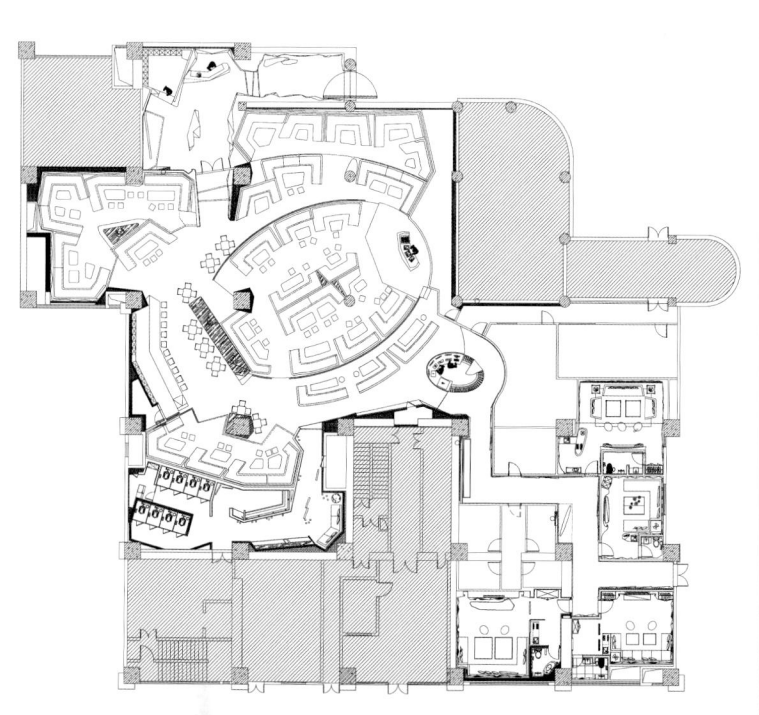

左1: 吧台
左2: 走道
右1: 重色调的背景
右2: 舞台

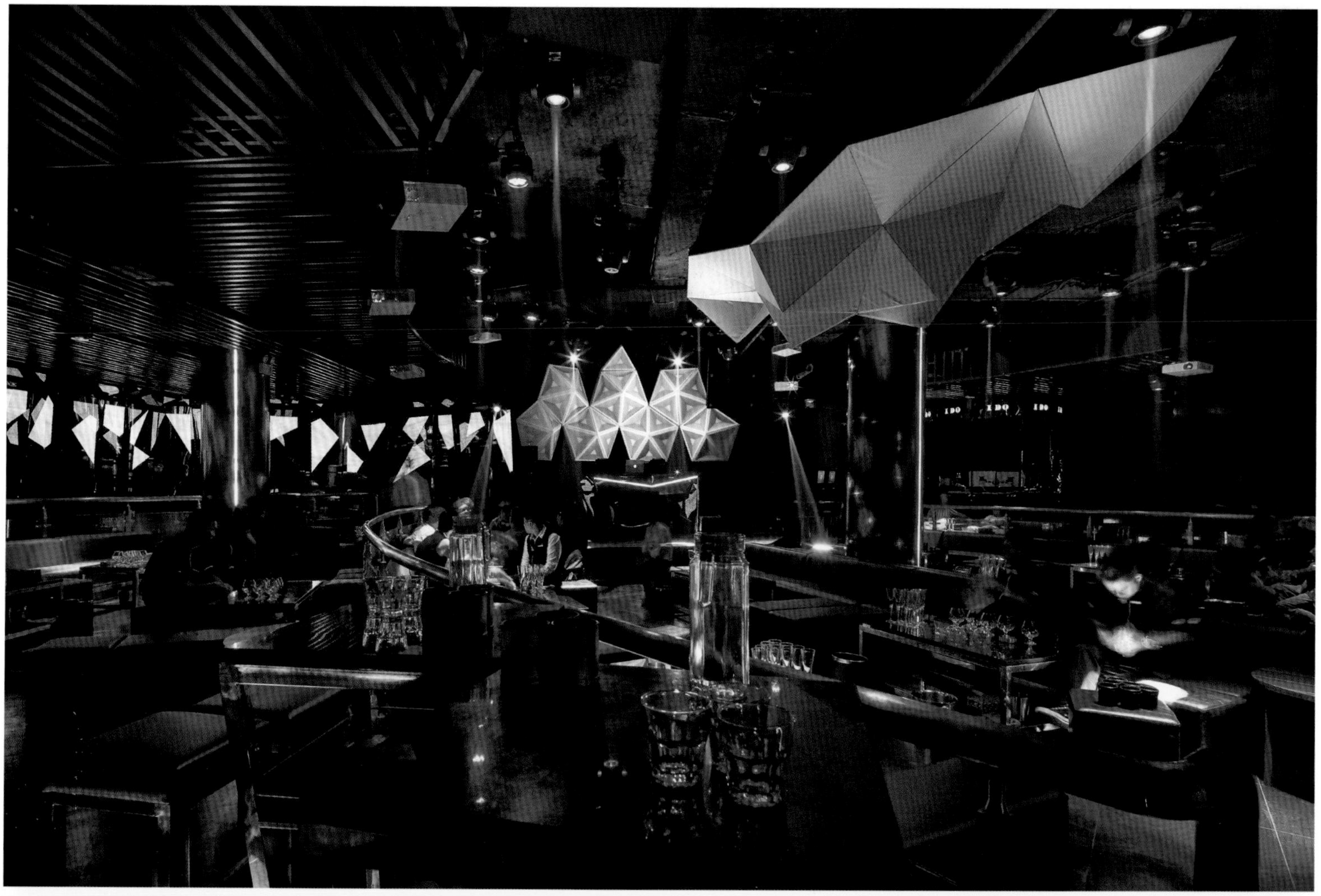

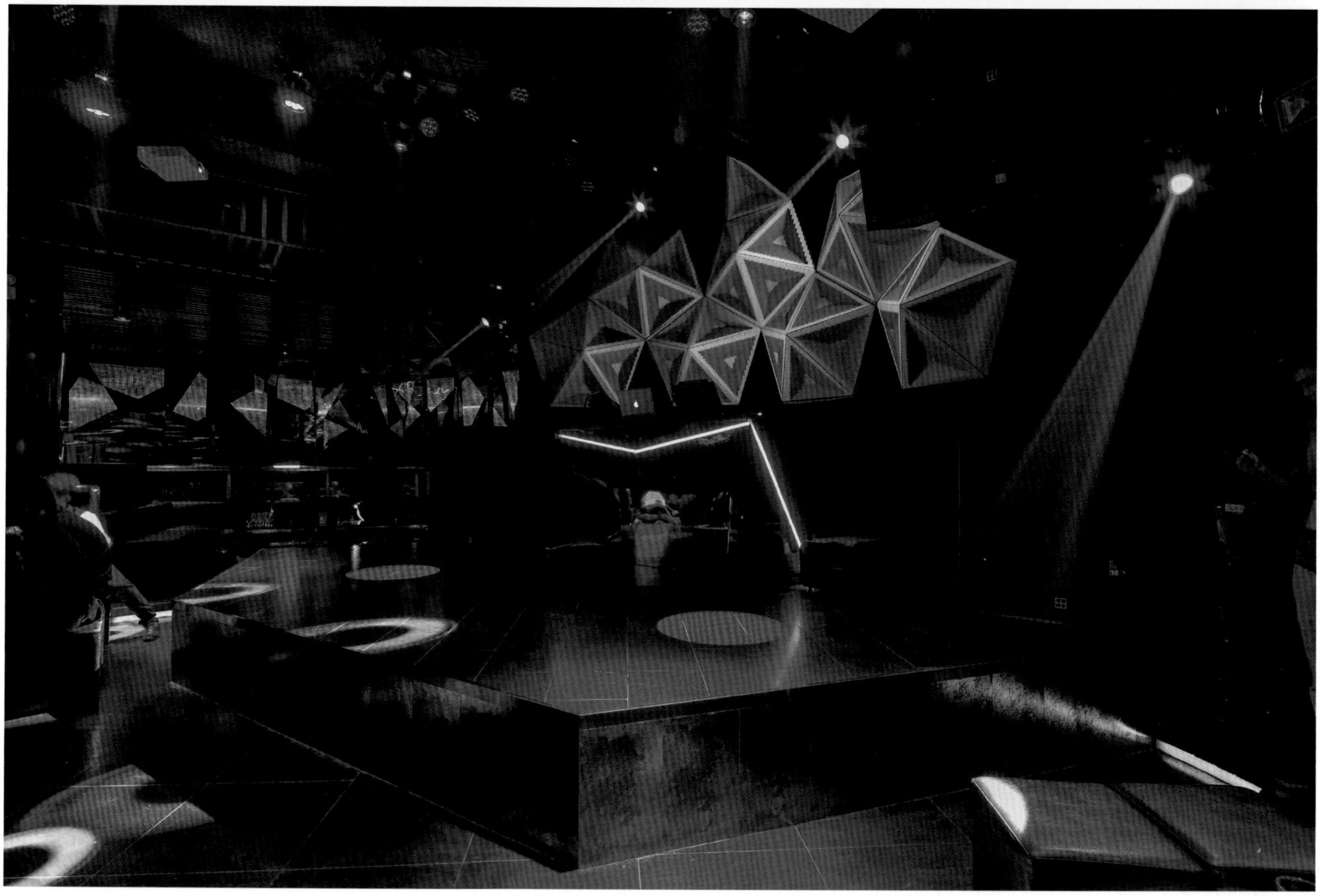

设计单位：禾易HYEE DESIGN
设计：陆嵘
参与设计：苗勋、沈寒峰、杨雅楠
面积：2000 m²

它的设计规模大约 2000m²，拥有着传统四合院建筑体系衔接新建太极馆，掩映在一片安静胡同深处，是在喧嚣城市中的一片心灵宁静之处。来这里，客人们可以安下心的修身养性、体悟四合院文化的同时又能感悟太极文化精髓。在整个室内设计中，设计师以中华传统文化中的"儒、释、道"为母题，运用"竹、木、石、水、影"不同材质与光影的融合，使人们能够身临其境地感悟中华传统文化的精髓。一入四合院，传统的四合院庭院搭配质朴的四合院木梁结构，让人一下子回到梁思成笔下的老四合院。室内以老榆木线条为主线，搭配与传统木梁结构的衔接，在梁上镶嵌入传统纹式的古铜装饰。

多功能厅，拥有旧铜打造的前台，配以独具匠心的环形灯具交相呼应，来凸显其特色。贵宾厅，是以云龙元素为设计源泉，设计了一款金丝柚木壁炉，让人能感受传统东阳木雕的精髓。朴素的太极馆，简单但也不失精巧。通过夹绢玻璃隔断的移门可以将太极馆分开，形成私密的多功能空间。通过太极馆侧面的落地窗户可以看到

HIDDEN COURTYARD IN CITY
大隐于市的四合院

禅意的景观空间。茶室里的家具，也与众不同地采用了竹节形式的木饰面手法，让

客人更好地在参茶的过程中调节心境。

正是因为有"逍遥的自然情趣 、优美的人文情调 、慈悲的光明情怀 "，才能体现

出此四合院的格调。

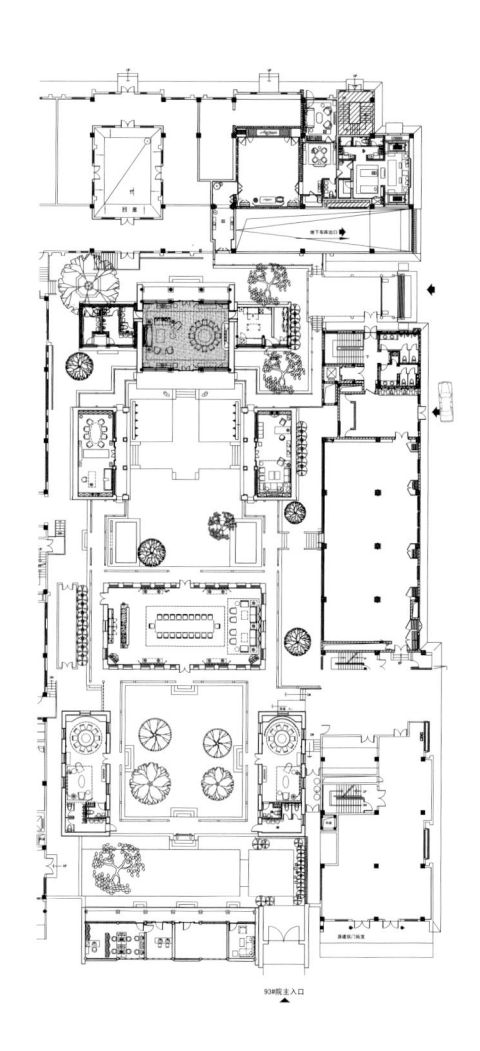

左1: 外景

右1、右2、右3: 四合院的雕塑景观与木梁结构

左1: 中式餐厅
左2、左3: 别致的灯具
右1: 楼梯
右2: 多功能厅独具匠心的环形灯具

左1、左2、右1、右2: 逍遥精巧的四合院各厅

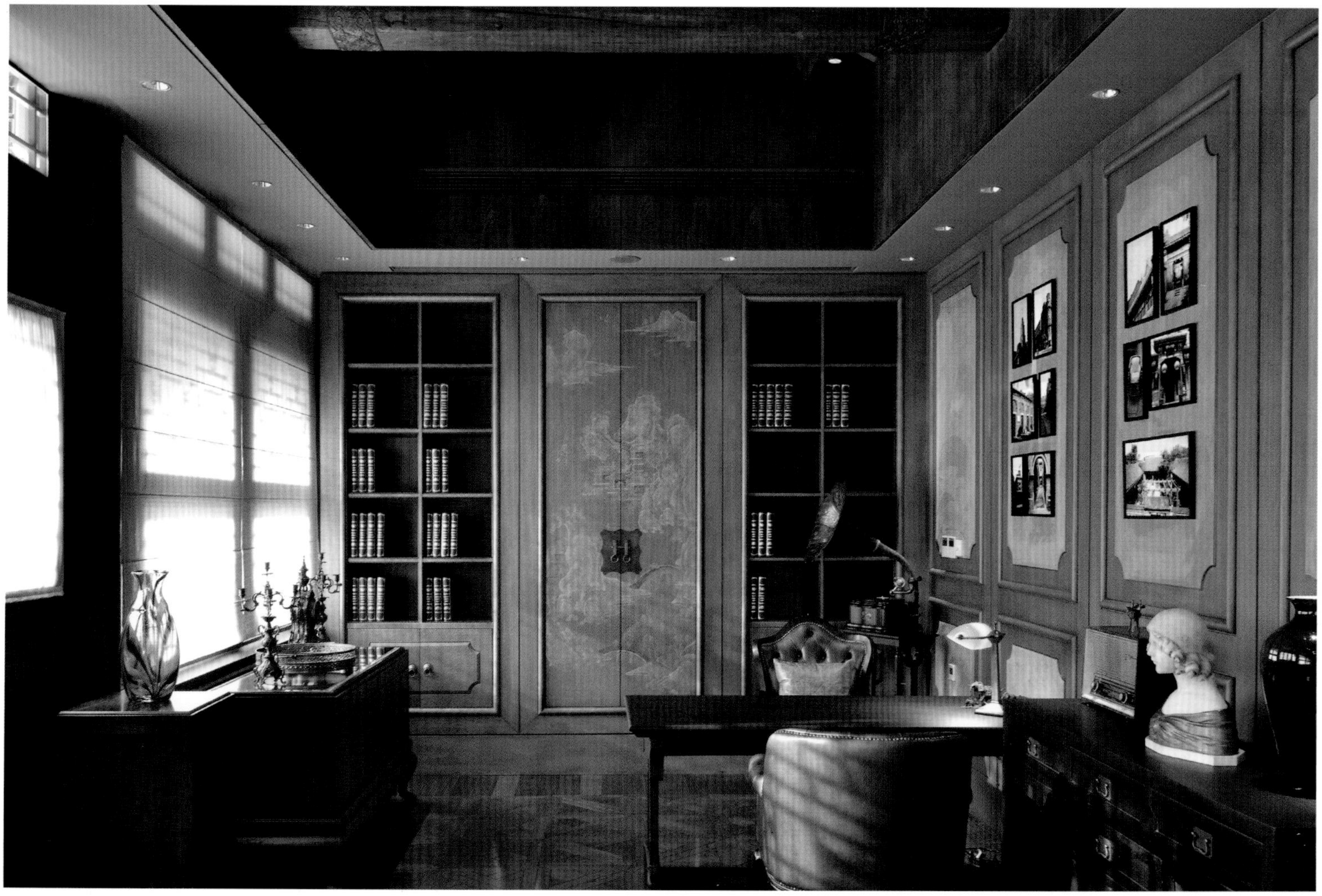

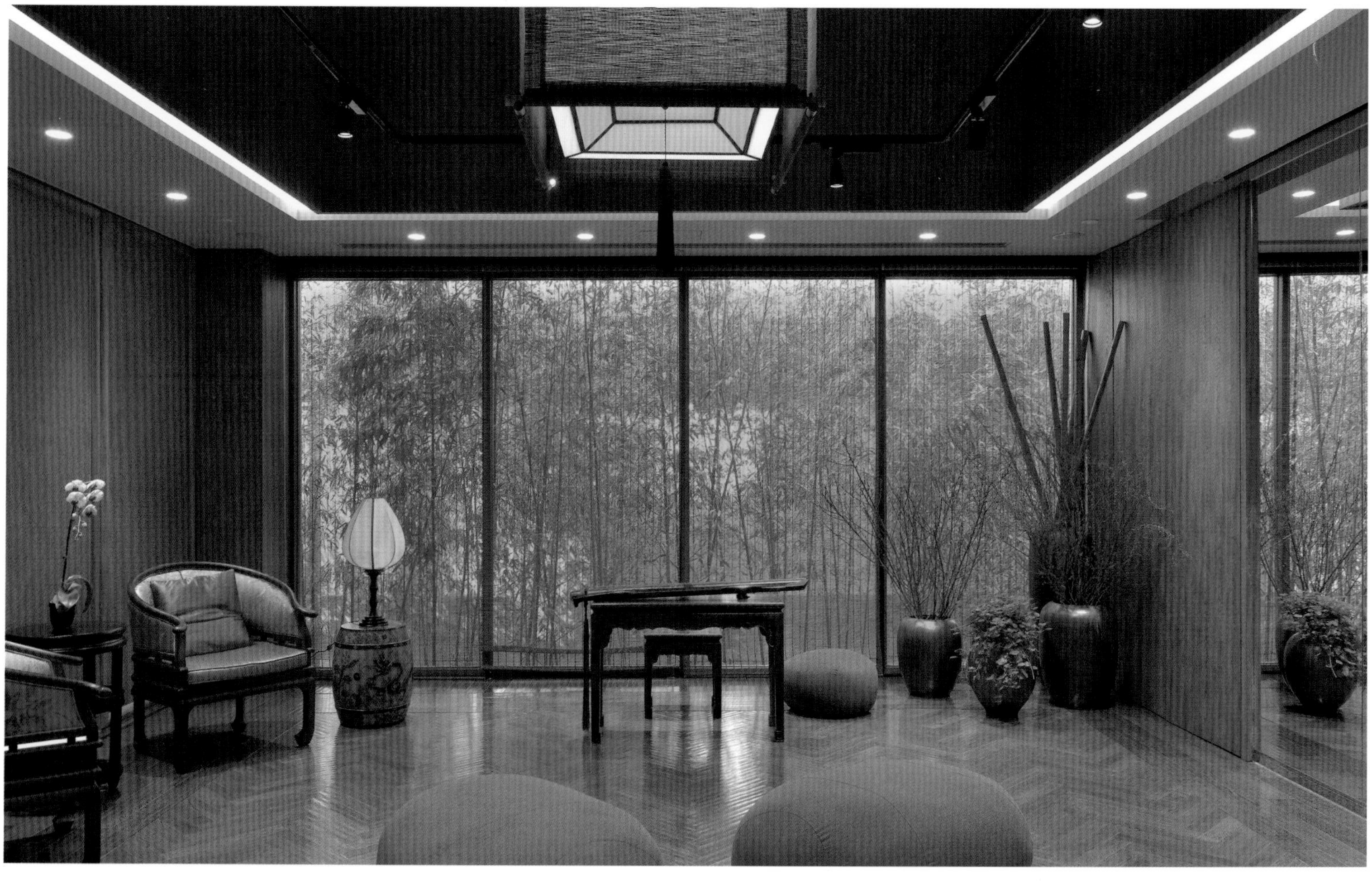

设计单位: 朱周空间设计

设计: 周光明

参与设计: 冯莹洁、黄茗诗

面积: 1100 m²

主要材料: 草编墙纸，布艺硬包，大理石地面，喷砂铁刀木木皮，波龙地毯

坐落地点: 上海淮海路

摄影: Derryck Menere

"都市绿洲"，都市繁忙嘈杂的负能量，总希望得到一点喘息，Green Massage 是一个让人放松，并得到休憩再更新的地方。如同沙漠中的绿洲，可以及时获得补给。因此我们把"都市绿洲"带入这个空间，把生命中最基本的元素"阳光"、"空气"、"水"转化为设计元素，运用水幕，大片的绿色植栽，大排量地引进新鲜空气。材料上的选择以天然环保为主，如老榆木实木家具、草编的墙纸，配合布艺硬包软装、大理石地面、喷砂铁刀木木皮、茶色镜面，并结合新中式的元素，山水的艺术品点缀，恰到好处地将人带入"绿洲"。打破一般包房的概念，人进到"绿洲"一律平等，房间的功能配置皆相同，而循序渐进的灯光，让客人渐渐地从卖场的喧闹过渡到闹中取静，在整个从开始到结束的疗程里，将养生体现到"慢"生活的实践里。

GREEN MASSAGE
都市绿洲

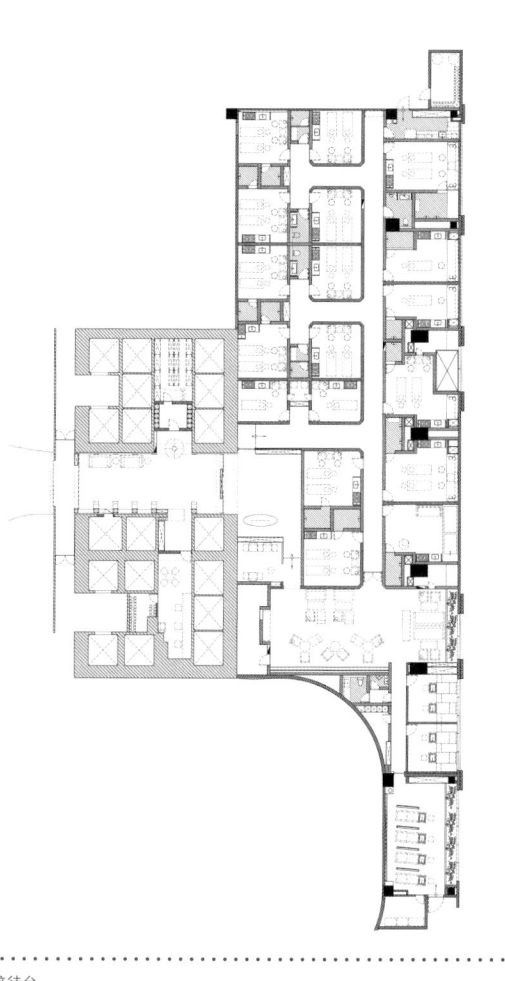

左1: 不规则接待台
右1: 过道
右2: 循序渐进的空间

左1: 私密空间

左2、左3: 大量绿植引入新鲜空气

右1、右2: 治疗室

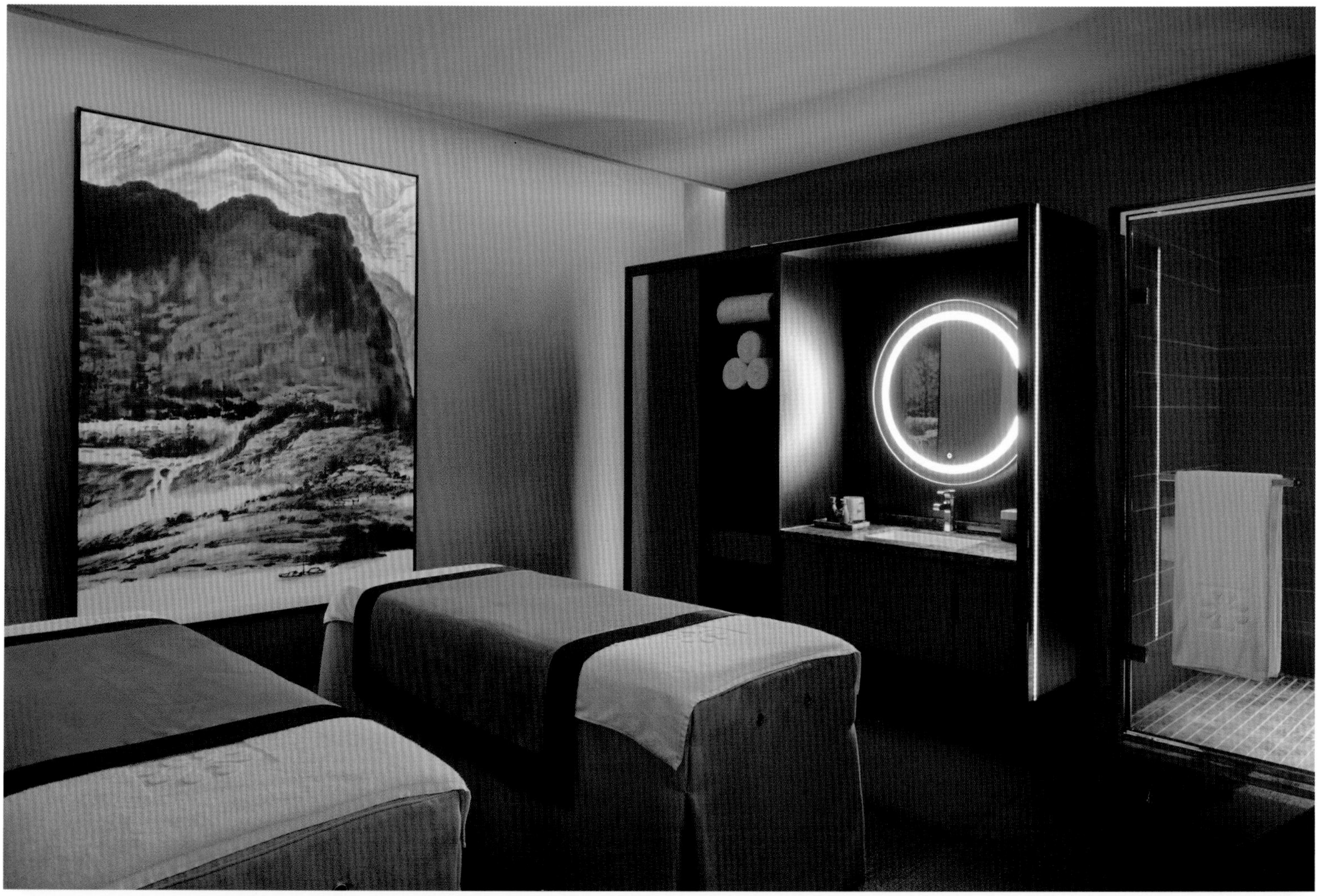

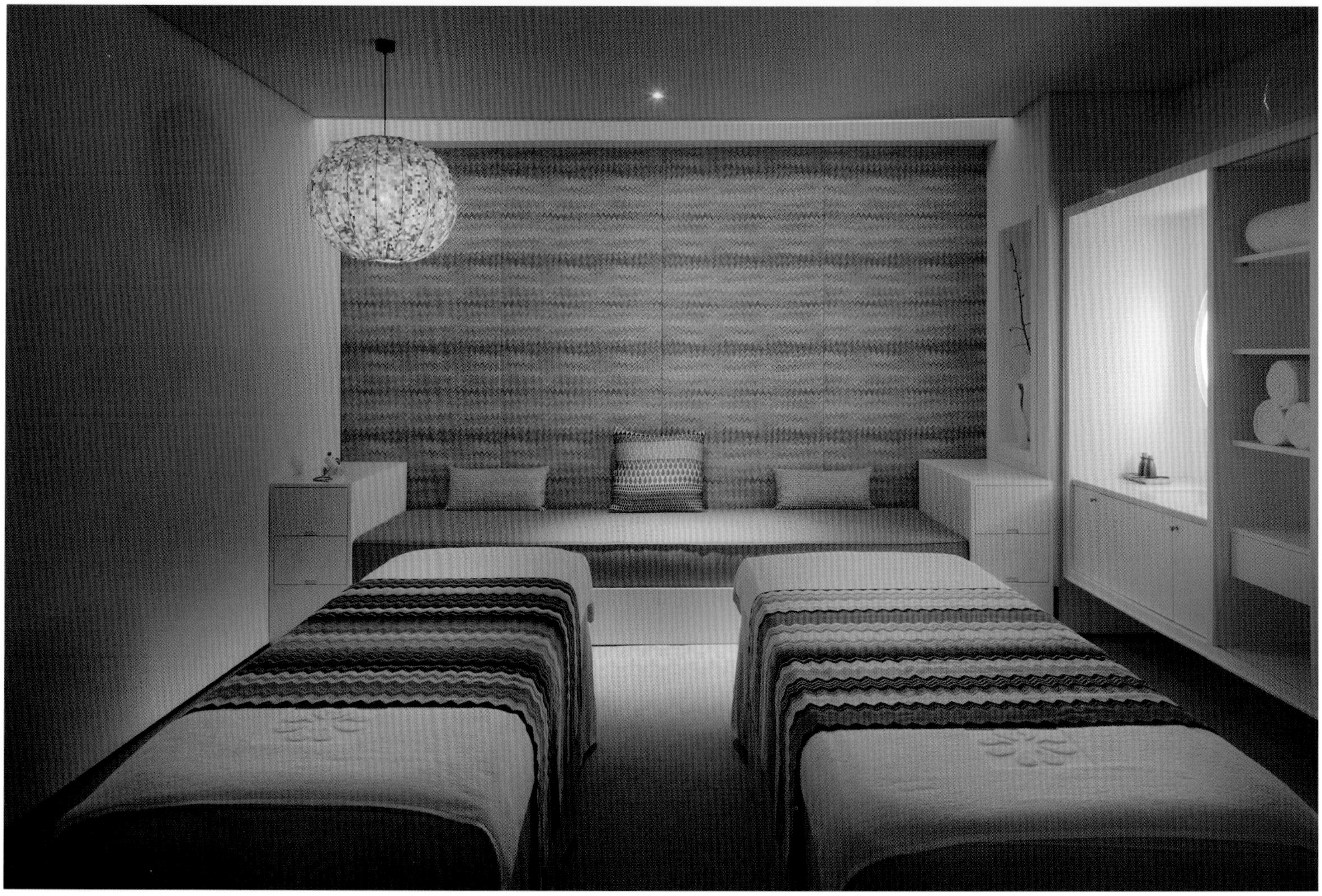

16

················
CHINA Interior design annual
entertainnment leisure

设计单位：深圳市新冶组设计顾问有限公司
设计：吴家煌
参与设计：张春华、王松涛、代浩
面积：1500 m²
主要材料：斑玛石、卡里冰玉、云石马赛克、大花白、啡金、水晶马赛克、肌理漆、黑钛金
坐落地点：重庆市渝中区较场口得意世界
完工时间：2014 年 2 月

CLUB ONE 派对酒吧位于重庆的酒吧聚集区解放碑得意世界，是重庆首家以"轰趴派对"模式打造的高端酒吧。本着"国际、创意、格调、质量"的品牌延伸概念，设计师以通透的空间架构极大提升酒吧空间视听效果，前卫的设计增强对感官的直接冲击力，让身处其中的朋友充分地释放情感，在夜晚得到彻底的放松。

干净利落而富于设计感的直线元素贯穿始终，纵横交错，无限蔓延的线条，给观众以震撼的视觉体验和前所未有的审美感受。不同形式的直线条构成了延伸多变富有动感的视觉效果，在灯光的映衬下营造出多层次的虚空间。在空间整体色系上以高雅的冷灰搭配温暖的黄色，呈现时尚与经典的兼容并蓄，达到简洁舒适的氛围。

酒吧外观设计上设计师大胆采用倾斜、交错、迭加等效果勾勒出先锋时尚。前卫的造型搭配明亮温暖的色系，不动声色的奢华与张扬，让观者眼前一亮。为了强化空间的直线视觉效果，大厅吊顶部分的开放式设计十分讨巧。一来化解顶部厚重感，提升了顶部视觉水平线。纵横捭阖，多变化灵动之美，以强而有力的穿透感缓解室

················

CLUB ONE
CLUB . 1 酒吧

内空间压抑。再者改变了墙面单一的视觉感，交错的线条由天花一路延伸至墙壁，形成连贯一致的效果，保持了整体设计的统一性，通透的设计与选材更利于大厅的声音传播。

包房采用水平对立设计，整体设计贴合空间特点，凹凸式吊顶构造复杂而富于变化、层次感强。电视背景墙选择层次丰富的线板堆栈，呈现层层变化的精致度。墙头圆弧造型，搭以转角处的线条延伸，在视觉上呈现立体感受。在后期配饰上，也多选用后现代风格灯具饰品做室内渲染特点，提升整体效果。没有加入过多零碎的装饰，原始的创意与细节却经得起时间的磨砺，动与静，暧昧与陌生，微妙非凡。

左1：先锋时尚的入口处
右1：灰色通道
右2：直线元素贯穿始终

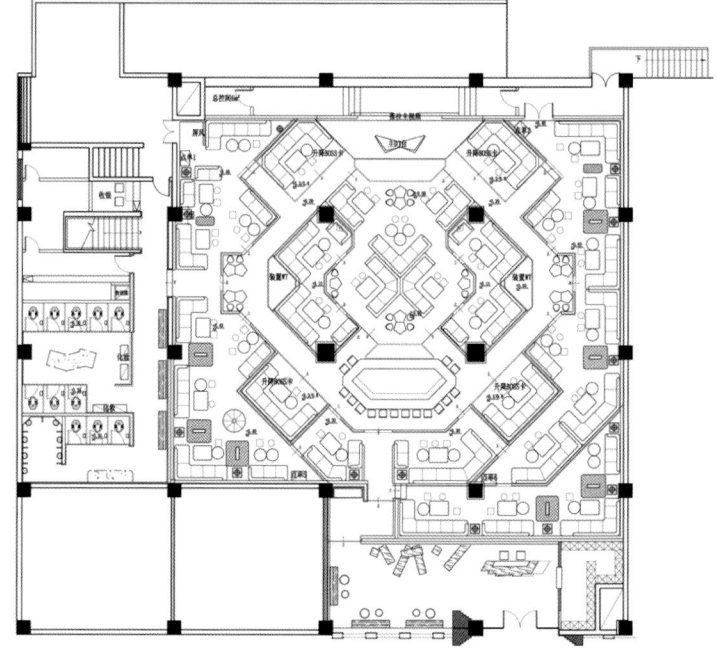

左1、左2、左3: 光怪陆离的内部
右1、右2: 包房的吊顶富于变化

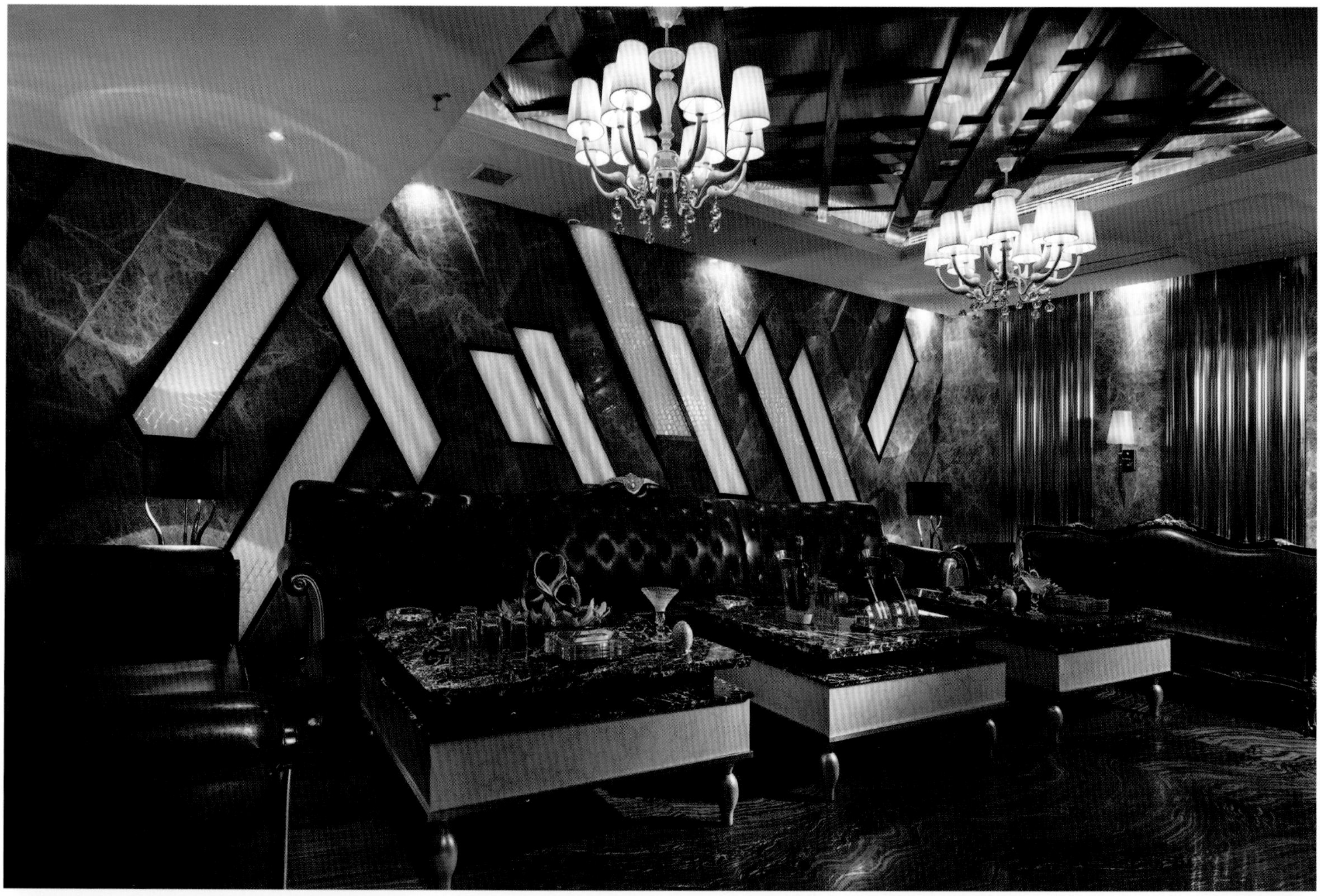

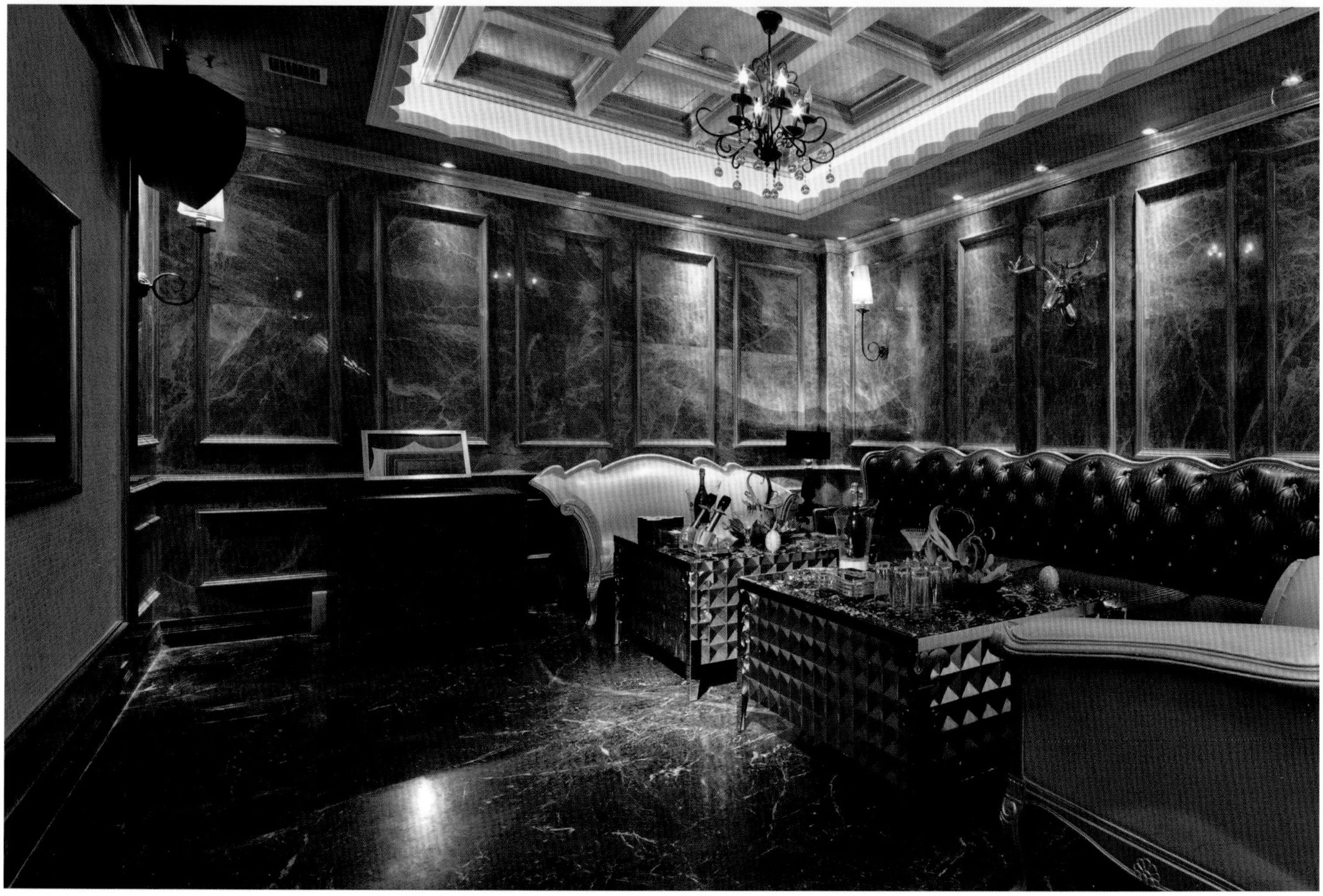

ACE Cafe 是伦敦著名的老牌机车摇滚主题餐吧，首次来到中国选址于 798 艺术区，由原 751 火车站改造而成。我们希望在强调机车与摇滚等重金属主题以外，通过数字技术和机械动力学的结合，试图赋予冷酷的建筑空间以灵动的生命。希望人们可以感受到空间的呼吸与机械的魅力。建筑师所一直试图实现的可变形的建筑，在这里也是一个小小的实践与尝试。

设计单位：dEEP Architects

设计：李道德

参与设计：郑钰

面积：400 m²

坐落地点：北京

完工时间：2013 年 6 月

摄影：李振华

....

ACE CAFE 751

ACE Cafe 751

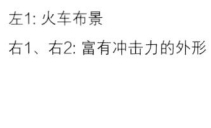

左1: 火车布景
右1、右2: 富有冲击力的外形

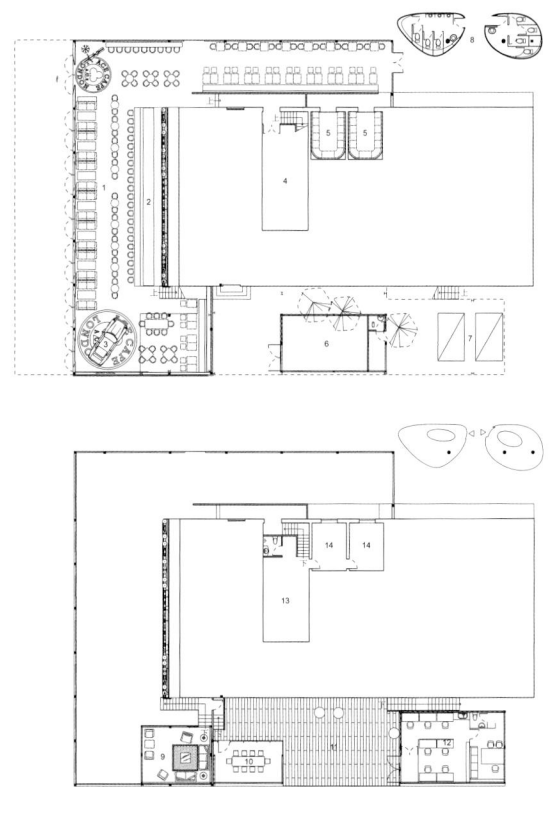

左1: 墙面的金属强烈冲击感
左2: 富有机械感的桌椅
左3: 顶棚裸露
右1: 红色沙发成为视觉亮点
右2: 冷酷的黑色是空间主调

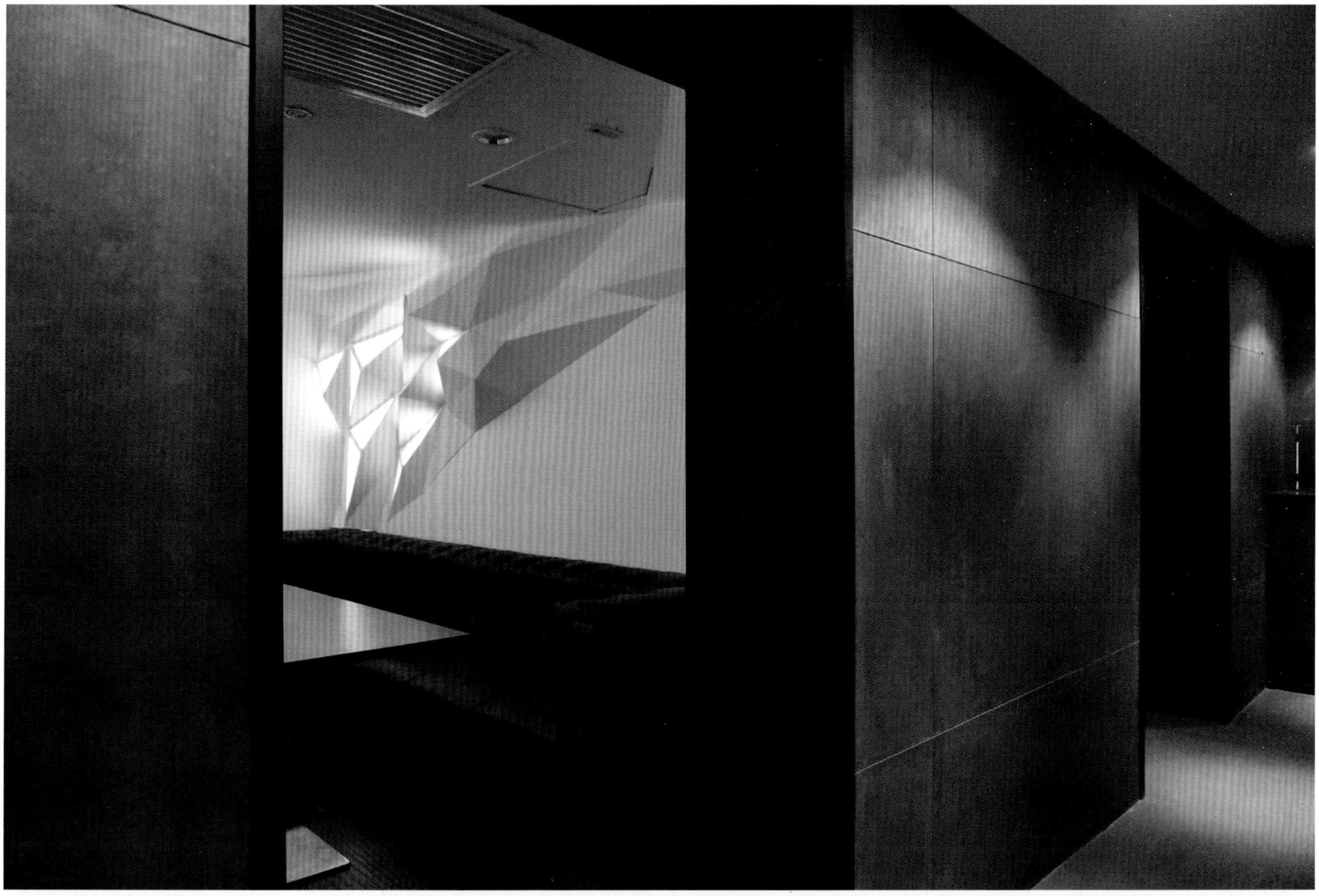

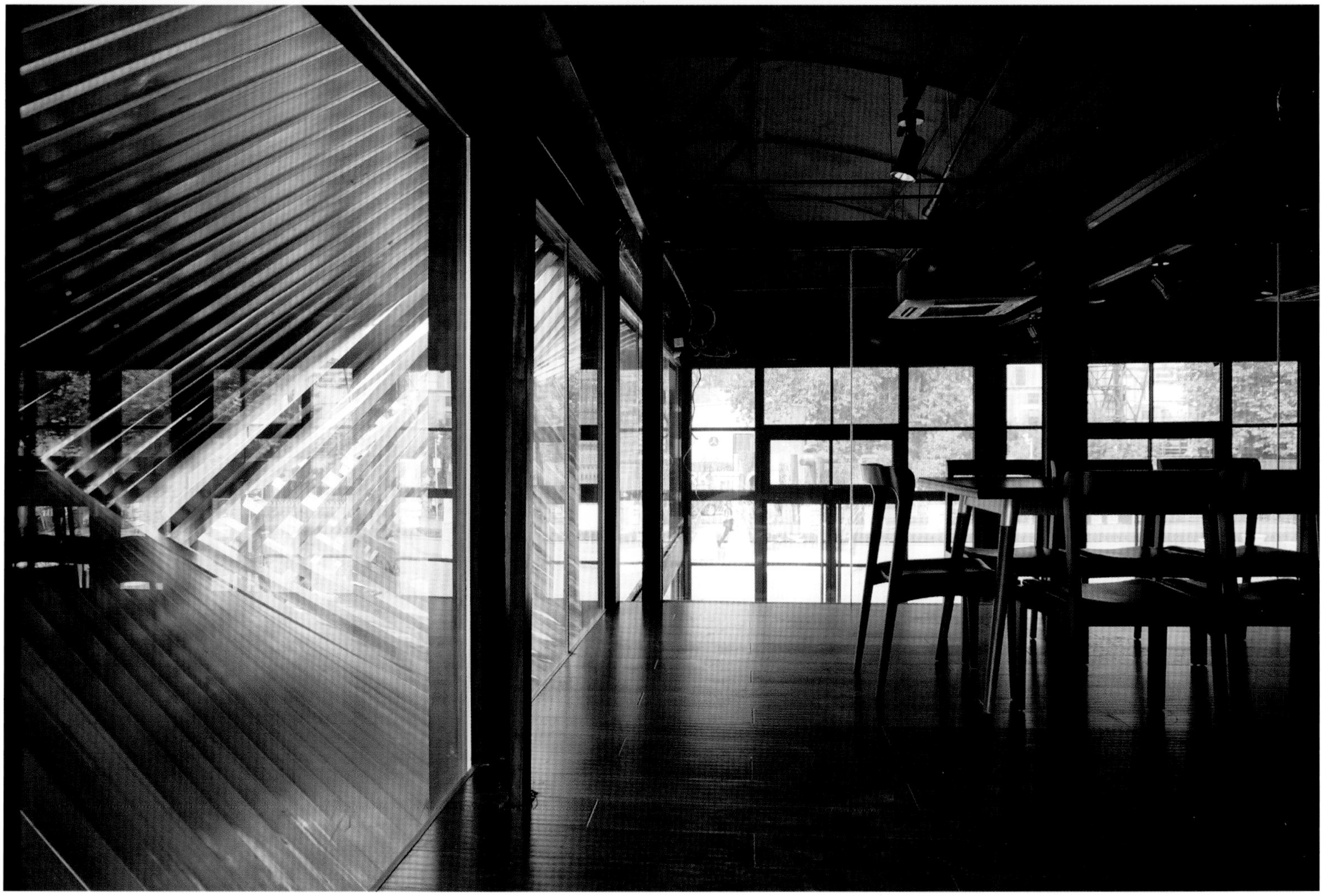

18

CHINA Interior design annual

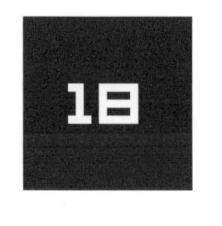

entertainnment leisure

设计单位：深圳市新冶组设计顾问有限公司

设计：陈武

参与设计：张春华、吴家煌、代浩

面积：1460 m^2

主要材料：文化石、中国黑、卡里冰玉、火烧面黑麻、水磨石、白色氟碳漆、木饰面、实木地板、马赛克

坐落地点：深圳市购物公园

完工时间：2013 年 12 月

ELLA PARK 坐落于深圳福田购物公园酒吧街，是福田 CBD 的新宠儿。延续迈阿密音乐节派对的娱乐文化，1500m^2 颠覆酒吧概念，打造高端时尚精英人士的娱乐领地。以领先的超炫科技设备应用，首创 900 平方米震撼 3D 天幕，强烈刺激感官。缔造购物公园娱乐新地标。白色基调在迷幻多变的灯光下，尽显时尚、现代、高雅的格调，独特的风格，令人耳目一新。

ELLA PARK 的设计理念来自江南园林和传统工艺，新中式的感觉自然纯朴复古。木制大门、实木地板、原始的藤艺桌椅，给空间注入温暖的气氛，让身处其中的人们沐浴在新中式的清风里。整体空间以白色为主色，点缀以绿色和黑色，清新时尚的配色为喧闹的娱乐空间注入一股清流。本土复古的调性，半封闭的现代空间、表现不一样的构思景象。整体布局上设计师巧妙地使用地坪差区隔空间，抬高外围地基，自然地分隔出卡座空间，呈现两个连续而独立的区域。

通过开放式的结构设计可于无形中模糊室内外的视线，塑造亦内亦外、相互渗透的

ELLA PARK

天幕酒吧

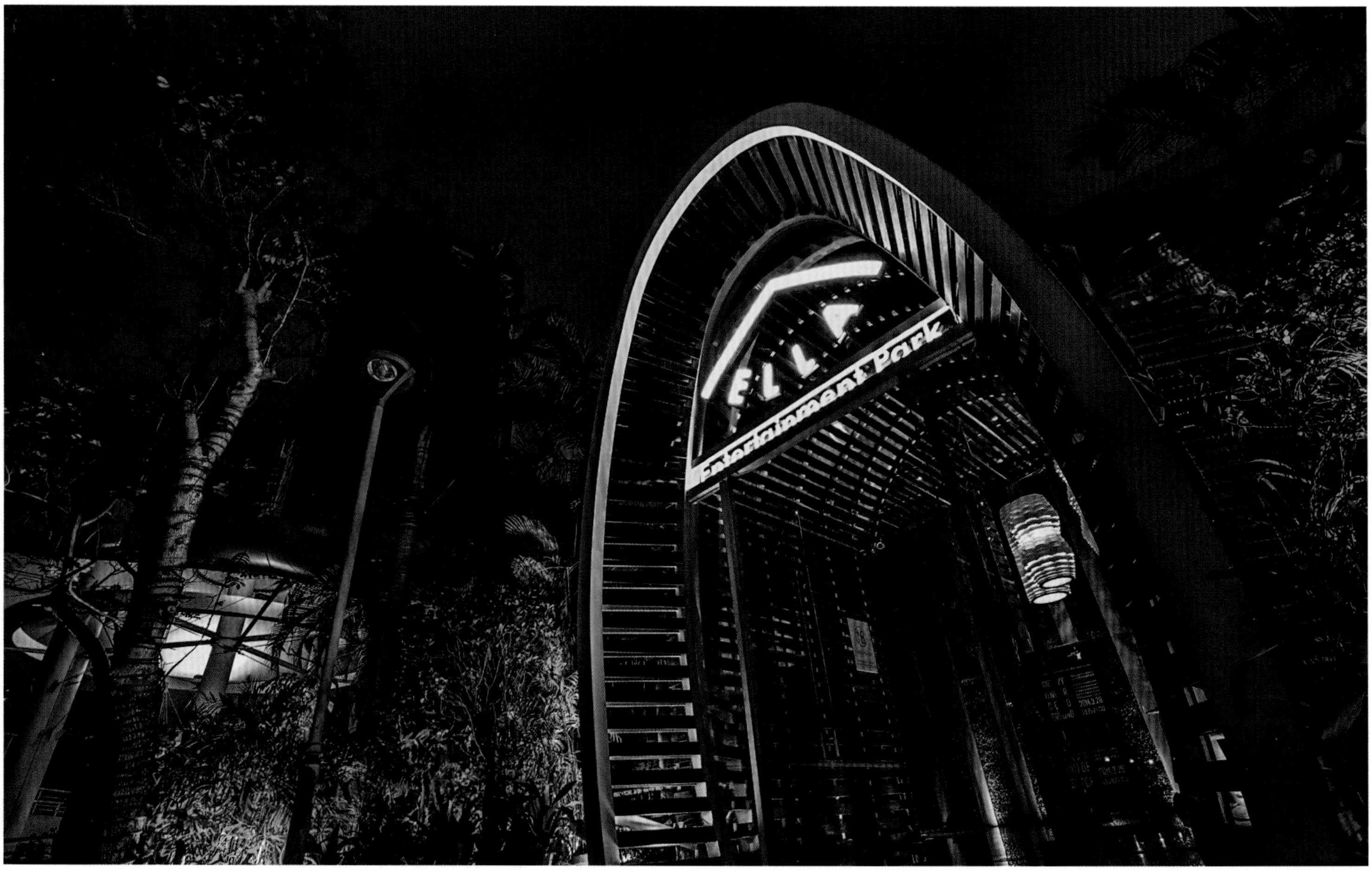

不定空间。当开放式空间理念被应用到娱乐空间之中，它所带来的积极心理效应，给夜场空间带来无限的刺激性。索膜结构是一种充满力量感的自由结构建筑体系，设计师将轻巧柔美的索膜结构顶棚嵌入酒吧空间，在繁华喧闹的酒吧街中构造一座膜小品，如同广阔绿洲中的白帆，于内于外都是一种美的享受。与中式软装混搭，打造别具一格的户外花园式派对酒吧空间。

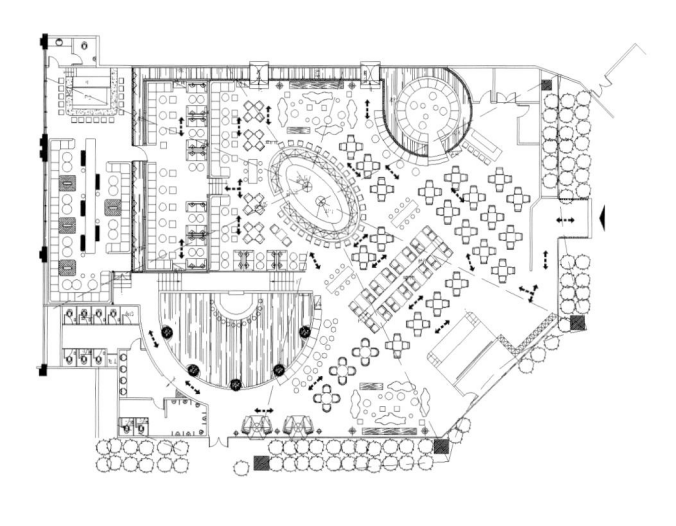

左1: 酒吧外观
右1: 隔栅式顶棚
右2: 轻巧柔美的索膜结构顶棚

左1、左2: 灯光如同繁星点点
右1、右2、右3: 现代高雅的沙发休闲区

CHINA Interior design annual

entertainnment leisure

设计单位: 湖南自在天国际商业设计中心
设计: 汪晖
参与设计: 余祉妍
面积: 700 m²
主要材料: 铜、山西黑大理石、丝绸墙漆、白珍珠面板、鸡翅木
坐落地点: 湖南长沙市五一大道第一大道
完工时间: 2013年
摄影: 杜武宜

这是用中式空间来承载国际产品,来尝试创新商业趋势的案例。见到不少商业空间,都很商务,很热闹,象征着好效率、好生意。而我却想生意的另一面,是展示,是传播,是扩容。

岁月最终会洗去一切不必要的附着,如一座山开采出石材,经过雕琢,它们形成菱形,也同时会浮掠造访者的记忆……用东方枯槁之美,如深山古寺,暮鼓晨钟,枯木寒鸦,荒山瘦水的巨幅画作,十六世纪日本旅中的各画家中雪舟的作品来烘托空间,表达在此行业挥洒自如,质朴优雅的医疗精神。

松针运用了本土的湘绣,绘与绣既解决了麻布正反两面的实用性,也刻画了当代人文传承的创新精神,虽只有700平方米空间,布局迂回,诗禅进门的三退,将一切功能用隐藏在后。黑漆贝壳梳妆柜,打磨过的铜门,老柚木的珠宝展示柜,爱马仕的毛毯、BV的灯具、捷克的水晶,长条大木桌,巨幅可推拉的画作,更多地去表达空间氛围,传达中国式美学的大境界。

SUN ZHENZHEN ARTISTIC AND MEDICAL BEAUTY

孙臻臻艺术医疗美容机构

名1: 柔软烫金漆墙
名1: 白色石漆
名2: 柔佛米色石子

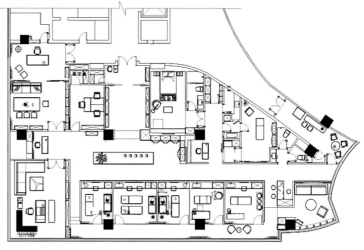

20

CHINA Interior design annual

entertainnment leisure

设计单位：富平陶艺村
设计：徐国良
面积：300 m²
主要材料：陶砖、陶器、陶泥、木、石、麻布
坐落地点：西安大唐芙蓉园南门

TAOLE HOUSE

陶乐舍

"令人舒服"是对陶乐舍空间的最高褒奖，从人置身其中的舒适度出发，从家具摆放到植物选择，无不以生活为本位，空间为人服务。天天坐下来喝茶养心实在是第一等的幸福事，茶具都是亲手烧造的陶器，桌椅是远涉重洋的沉船木，几百年的水汽浸润其中，坐卧都能疗渴。茶水从杯中溢出，顺着木纹一路滑过去，最终落到一个石槽中，坐下喝个茶，聊会天，几乎有置身山野农家的感觉。

抹墙用的涂料添加了制陶釉料的白，无损于白的洁净又不刺眼，比完全纯度的白更富于变化。地面处理堪称得天独厚，如果不是坐拥富平这样的天然石料厂，光那几块外形方正平滑、内部肌理变化万端的大方石，找起来便要大费周章。陶乐舍烧造一种极薄的砖，色泽在诸红之间变化，放到一起看似协调，细细查看却另有异趣。无规则似乎是陶乐舍唯一的规则，茶舍地砖铺作人字纹，沿墙处呈现小三角状缝隙，于是仿枯山水大意，填以细小白石子，白石的明亮与地砖的沉稳构成灵巧的对比。得唐人风雅的遗意，门窗之间的过渡墙面，直接用麦秸秆混合地面下一米的黄土和泥糊浆，这种墙面的透气性比较好，夏天空气湿润可以吸取空气中的水汽，冬天气候干燥时又将夏天储存的水汽徐徐放出。想必雨水有灵，得以顺壁而下，漏痕宛然墙上，看一面泥墙，倒胜却看天下第一等的书法，是有意为之，还是无意造就，妙处正在有意无意之间。

进门处是最开阔的大厅，摆放了一张极大的长方桌，桌面很特别，每个座位的前方都有一个正方形的孔洞，未来孔洞会被陶片填上，摆上陶瓶用以插花。只有身处房子内部的人对待生活的态度，才能真正决定房子的气质。花之为物，虽然细小，却足以折射主人对待生活精致乐观的态度。过大厅右转即是茶室，两个空间用旧门相隔。入门左手边是数排嵌进墙内的榆木柜子，木柜前有一方茶海，是干透的古木，创面不知几经刀砍斧斫，伤痕满布，裂纹由里出表，如光芒般放射而出。茶室顶上正中间一个老木雕就的蝙蝠引人注目地雄踞正梁之上，缝隙处理很是独到，用手指粗的麻绳，绷直塞在缝隙中，既与木梁保持了色彩上的协调，又照顾到了实用性。洗手间用细细的陶片编织如席，做成一个波浪式的穹顶，四壁颜色是富于渐变的陶之本色。倘若水压允许，能在马桶中点缀一两片碧绿的叶子，想必会更令到访者赏心悦目。

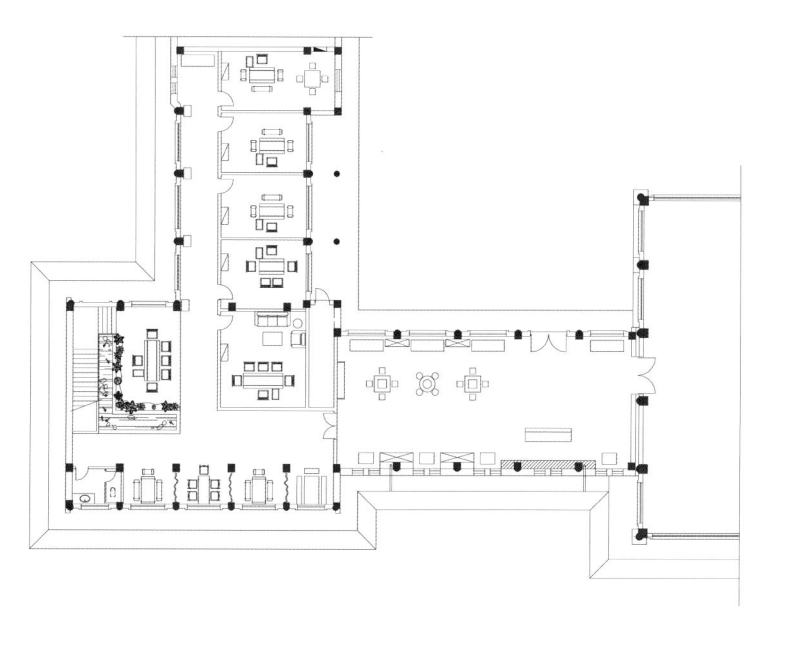

左1: 诸红墙面
右1: 地砖铺作人字纹，填以细小白石子

图1：楼梯
图2、图1：建筑茶室
图3：嵌入墙内的梅米柜子
图2：火室
图3：嵌入墙内的梅米柜子

陈彬

武汉理工大学艺术与设计学院副教授，硕士生导师。中国建筑学会室内设计分会会员，中国美术家协会会员，中国建筑装饰协会设计委员会委员，大木设计中国理事会副理事长。后象设计师事务所创始人兼设计主持。

陈方晓

陈方晓设计师事务所创作总监，香港战神装饰陈设顾问有限公司创作总监，阿拉伯联合酋长国迪拜阿扎曼艺术大学客座教授。

陈广暄

深圳设计师，2003 年创办广暄工程设计顾问有限公司。2006 年与业界伙伴组建多元设计联合体"优联设计机构"，业务涉及商业业态策划，工程技术顾问，VI 设计及推广。

陈海

毕业于西安美术学院，西安本末装饰设计有限公司创意总监。

陈凌

建筑学硕士，在武汉工业大学建筑系学习，此后赴巴黎第一建筑学院学习。1999 年加入WSP，现任 WSP 主设计师兼董事。

陈卫新

高级工艺美术师，《中国室内设计年鉴》主编、《中国室内》编委。中国建筑学会室内设计分会理事，江苏省室内设计学会副秘书长，南京筑内空间设计顾问有限公司总设计师，南京观筑历史建筑文化研究院院长。近年来一直关注地域文化及民国建筑研究。

陈武

新冶国际（纽约）设计事务所亚太区代表，香港新冶设计工程有限公司董事，深圳市新冶组设计顾问有限公司总经理。中华民族文化促进会会员，国际室内设计师/室内建筑师联盟（IFI）会员，北京欢乐时空动漫学院客座教授，广州大学建筑设计研究学院第八所副所长。

陈旭东

长春东方装潢公司设计总监，吉林艺术学院设计学院教授，美国 RB 建筑设计事务所建筑师，CIID 会员。

陈耀光

杭州典尚建筑装饰设计有限公司总经理，毕业于中国美术学院环艺系。中国建筑学会室内设计分会副会长，中国室内装饰协会设计委员会副会长，中国陈设艺术专业委员会副会长，中国建筑装饰协会设计委员会副会长。

陈易骏

毕业于汕头大学美术设计系，汕头市蓝鲸装饰设计有限公司总经理兼设计总监，高级室内设计师、环境艺术设计师。

陈颖

深圳著名设计师，深圳秀城设计顾问有限公司创始人和设计总监，深圳大学艺术学院客座教授。

戴昆

北京居其美业住宅技术开发有限公司执行总裁，建筑师，室内设计师。担任中国陈设专业艺术委员会副主任，推动中国陈设艺术的教育推广及发展。

戴其业

大石代设计咨询有限公司主任设计师。

端木芸萱

英国布莱顿大学室内设计硕士，现任上海煦石室内设计有限公司设计总监。

范江

1999 年成立高得装饰设计公司，高定位的纯设计公司，从事酒店、会所、餐馆、办公、老建筑改造、展示等设计。

范日桥

无锡上瑞元筑设计制作有限公司董事设计师，中国建筑学会室内设计分会会员、高级室内建筑师。中国建筑学会室内设计分会第 36(无锡)专业委员会常务副主任，IFI 国际室内建筑师 /设计师联盟会员。法国国立科学技术与管理学院项目管理硕士学位，江南大学设计学院建筑环艺学部课程顾问。

方钦正

法国纳索建筑事务所 naco architectures 计总监，建筑师。毕业于英国曼彻斯特大学建筑系，从事建筑设计、室内设计、活动设计、家具设计。

冯嘉云

法国国立科学技术与管理学院项目管理硕士学位，无锡市上瑞元筑设计制作有限公司董事长，高级室内建筑师，IFI 国际室内建筑师 / 设计师联盟会员。

冯羽

毕业于天津美术学院环境艺术设计专业，深圳市大羽环境艺术设计有限公司设计总监。

高立平

毕业于吉林省艺术学院油画专业，高级室内建筑师，IFI 国际室内建筑师 / 设计师联盟会员，中国建筑学会室内设计分会理事，现任清华大学美术学院等多所高等学府的艺术学院客座教授。

桂涛

尚层装饰（北京）有限公司首席设计师，中国建筑装饰协会高级室内建筑师。

郭立平

毕业于吉林艺术学院设计系，现任上海黑泡泡建筑装饰设计有限公司副总经理，中国建筑学会室内设计分会会员，上海世博优秀设计师。

何永明

毕业于华南师范大学商业美术本科获学士学位。2003 年成立何永明设计师事务所，2005年成立广州道胜设计有限公司。中国室内设计师协会注册设计师，广东工程技术学院客座讲师，华南师范大学室内设计系客座讲师。

洪忠轩

HHD 假日东方国际·设计机构（香港＋深圳）负责人，当代建筑空间艺术设计的代表性建筑师、书画家、雕塑艺术家，深圳市室内设计师协会轮值会长，美国国会授予荣誉奖的华人空间艺术设计师，美国加州州政府荣誉奖获得者，美国洛杉矶市长奖获得者。

胡俊峰

成都私享室内设计有限公司总经理兼设计总监。

黄书恒

台北玄武设计／上海丹凤建筑主持建筑师、设计总监。英国伦敦大学建筑硕士（荣誉学位）。

黄伟彪

甘肃御居装饰设计有限公司负责人，高级室内建筑师，兰州城市学院客座教授。

姜峰

J&A 姜峰室内设计有限公司总经理、总设计师。国务院特殊津贴专家、教授级高级建筑师，现任中国建筑学会室内设计分会副理事长、中国建筑装饰协会设计委副主任等社会职务。

蒋国兴

毕业于厦门工艺美术学院，大木设计中国设计师，苏州叙品设计装饰工程有限公司董事长。中国建筑学会室内设计分会会员，亚太设计师联盟会员，中国建筑装饰协会高级室内建筑师。

靳全勇

现任北京唯美同想环境艺术设计有限责任公司设计师，中国建筑学会室内设计分会会员。

琚宾

深圳市水平线室内设计有限公司（北京、深圳）首席创意执行总监。中央美术学院毕业，高级室内建筑师。

李道德

毕业于中央美术学院建筑学院以及英国建筑联盟建筑学院 (AA)，曾经工作于 Sir Norman Foster 在伦敦的建筑事务所 Foster+Partners。

李晖

上海同济大学建筑系毕业，上海风语筑展览有限公司总裁兼首席设计总监，中国建筑学会理事，世界华人建筑师协会创会会员，《时代建筑》杂志编委，《室内 ID+C》杂志编委。主要设计作品有 300 余座城市规划类展览馆。

李强

清华大学研究生毕业，LSD studio 设计总监。

李天鹰

北京唯美同想环境艺术设计有限责任公司 D 组设计总监。

李学锋

厦门市环亚设计装饰有限公司设计总监，中国建筑学会室内设计分会理事。

李益中

大连理工大学建筑系学士，意大利米兰理工大学设计管理硕士，2012 年创立李益中空间设计公司。深圳大学艺术学院客座教授，中国建筑学会室内设计分会（全国）理事。

利旭恒

古鲁奇公司设计总监。出生于中国台湾，英国伦敦艺术大学荣誉学士。

梁景华

毕业于香港理工大学，PAL 设计事务所有限公司创办人及首席设计师，美国林肯大学荣誉人文学博士，香港室内设计协会名誉顾问。

梁志天

出生于香港，梁志天设计师有限公司创办人及董事长，建筑师及室内设计师。香港大学建筑学文学士，香港大学建筑学学士，香港大学城市规划硕士。香港建筑师学会会员，香港城市规划师学会会员，香港注册建筑师，香港室内设计协会会员，香港设计师协会全权会员。

廖奕权

毕业于澳大利亚新南韦尔斯大学，后在多间知名建筑设计事务所工作，于 2009 年创办维斯林室内建筑设计有限公司。香港室内设计协会会员及干事会干事、英国特许设计师公会会员、香港设计师协会会员及中国建筑学会室内设计分会会员。

林开新

福州林开新室内设计有限公司创始人，大成（香港）设计顾问有限公司联席董事。

刘波

PLD 刘波设计顾问有限公司创始人，深圳室内设计协会会长，中国建设部建筑装饰协会专家，世界酒店联盟副理事长，中国环境艺术设计联盟理事，天津美术学院客座教授。

刘卫军

Pinki 品伊品牌创始人、创意总监、首席设计师。高级室内建筑师，毕业于郑州轻工学院环艺系，进修于中央工艺美院。中国建筑学会室内设计分会理事，中国建筑学会室内设计分会深圳（第三）专业委员会常务副会长。

刘增申

毕业于中央工艺美院，现任重庆宗灏装饰工程有限公司设计总监。

卢文伟

杭州历程装饰设计有限公司创始人，工艺美术师，高级室内建筑师。中国建筑装饰协会会员，浙江省装饰设计协会会员。

陆嵘

毕业于上海同济大学建筑学，上海 HKG 建筑咨询有限公司中方设计总监和主创设计师。

吕邵苍

意大利米兰理工室内硕士，吕邵苍酒店设计事务所院长，亚太酒店设计协会副秘书长，中国建筑学会室内设计分会理事，中国陈设专业艺术委员会副秘书长，中国文化艺术书院专家顾问。

吕永中

吕永中设计事务所主持设计师，半木品牌创始人兼设计总监。中国建筑学会室内设计分会理事。毕业于上海同济大学，留校任教逾20年，长期致力于建筑室内空间及家具设计。

罗刚

毕业于重庆建筑工程学院，现任职于北京东易日盛装饰有限公司成都分公司。

马非

成都马非空间设计有限公司创始人，清华大学美术学院毕业。

内建筑

内建筑自2004年成立以来，重新审视了建筑与室内设计长期割裂的关系，并以来自舞台设计和建筑设计的不同教育背景以及多年来不同领域的实践经验，让作品呈现出更加丰富多元的创作思维。跨越建筑与室内设计之间的界线，探索广义范围内的空间设计，建立起建筑与室内的一体性关系，实现"内建筑"设计方向的基本表述。

潘冉

名谷设计机构创办人，中国建筑学会室内设计分会会员，IFI国际室内建筑师联盟成员，美国BDA国际酒店设计事务所合伙人，中国建筑装饰协会会员/高级室内建筑师，南京市室内设计学会理事。

彭征

广州共生形态工程设计有限公司合伙人、设计总监，广州美术学院装饰艺术设计系学士，广州美术学院设计艺术学硕士，曾任教于中山大学传播与设计学院、华南理工大学设计学院。

迫庆一郎

东京工业大学研究生毕业，1996年—2004年就职于山本理显设计工场，2004年成立SAKO建筑设计工社（中国北京），2004年—2005年赴哥伦比亚大学担任客座研究员，日本文化厅外派艺术家驻外研修员。

申强

2001年至今师从登琨艳先生，工作于上海大样工作室长达13年。2008年作品入选荷兰FRAME出版的BEHIND BARS全球40个后现代的酒吧之一。

孙洪涛

孙洪涛设计事务所设计总监，亚厦装饰股份有限公司副总设计师。中国美术学院讲师，中国美术学院国艺城市设计研究院副院长，中国建筑装饰协会高级室内建筑师。

孙华锋

室内设计硕士、高级室内建筑师。河南鼎合建筑装饰设计工程有限公司总经理。中国建筑学会室内设计分会副会长，CIID第十五（河南）专业委员会主任。

孙黎明

无锡上瑞元筑设计制作有限公司董事设计师，中国建筑学会室内设计分会第三十六（无锡）专业委员会副主任，高级室内建筑师。国际室内建筑师/设计师联盟会员，国际室内建筑师与设计师理事会地区理事长。

唐封龙

唐封龙（国际）设计事务所首席执行官，原朴创意机构首席设计师，2012年《LUXE莱斯》中国室内设计年度封面人物。

田军

毕业于大连轻工学院家具设计专业，2006年成立北京瑞普设计有限公司，ID+C《室内设计与装修》杂志编委。

汪晖

湖南自在天装饰设计工程有限公司和湖南金谷仓国际陈设艺术设计公司的执行董事及创意总监。意大利米兰理工大学硕士，高级工艺美术师，高级室内建筑师。中国陈设艺术委员会湖南分会秘书长兼主任，中国建筑学会室内设计分会理事，湖南省艺术家协会委员。

王海波

中国美术学院教师，兼职于浙江亚厦装饰股份有限公司设计研究院，任第九分院院长。高级室内建筑师，高级景观设计师。

王践

宁波矩阵酒店设计有限公司董事兼设计总监，高级室内建筑师，宁波城市职业技术学院毕业生导师，宁波市建筑装饰行业协会设计分会副会长，ICIAD国际室内建筑师与设计师理事会宁波地区理事。

王善祥

毕业于上海华东师大艺术系中国画专业，在进行艺术创作的同时开始从事建筑及室内设计，2003年创立上海善祥建筑设计有限公司，以磨剑的心态致力于精品建筑与室内环境设计。

王砚晨、李向宁

王砚晨：毕业于中国西安美术学院，意大利米兰理工大学国际室内设计硕士。经典国际设计机构（亚洲）有限公司和北京至尚经典装饰设计有限公司的首席设计总监。中国建筑学会室内设计分会会员。
李向宁：意大利米兰理工大学国际室内设计硕士。经典国际设计机构（亚洲）有限公司和北京至尚经典装饰设计有限公司的艺术总监。中国建筑学会室内设计分会会员。

王政强

郑州弘文建筑装饰设计有限公司总设计师，毕业于上海交通大学建工学院室内设计专业，2008年毕业于法国国立科学院技术与管理学院设计管理专业。中国建筑学会室内设计分会会员，高级室内建筑师。

项安新

温州华鼎建筑装饰工程有限公司副总经理、设计总监。中国建筑学会室内设计分会理事，中国建筑学会室内设计分会温州专委会常务副会长。

萧爱彬

上海萧氏设计装饰有限公司董事长、总设计师。毕业于四川美院，高级室内建筑师。中国建筑学会室内设计分会理事、《中国室内》编委。上海装饰装修行业协会常务理事，上海行业协会设计专委会副主任。

谢辉

毕业于四川省商业学校，谢辉设计顾问工作室总设计师。

谢英凯

法国国立工艺学院工程与设计项目管理硕士，汤物臣·肯文设计事务所设计总监，点子室内设计设计总监，非释空间美学设计机构设计总监。现任广州美术学院客座讲师，法国室内设计协会会员，中国建筑学会室内设计分会理事，《中国室内》杂志编委，羊城设计联盟副理事长。

辛明雨

现任北京唯美同想环境艺术设计有限责任公司设计师。

熊龙灯

毕业于广州美术学院，高级室内建筑师，北京龙灯个案室内空间设计有限公司创始人及设计总监。

徐国良

毕业于澳大利亚迪肯（Deakin）大学，陕西富陶国际陶文化有限公司总经理。

徐茂华

南京市室内装饰工程有限公司设计研究院院长，南京市装饰行业协会设计委员会副主任，南京室内设计学会理事，高级室内建筑师，九三学社社员。

徐征野

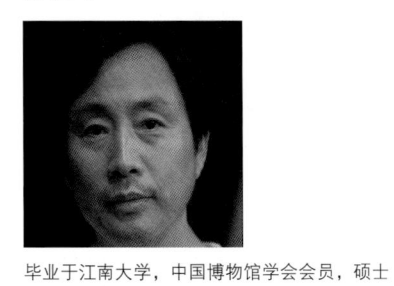

毕业于江南大学，中国博物馆学会会员，硕士生导师，教育部职业院校艺术设计教指委委员。浙江省建筑装饰协会设计委员会副会长，浙江省创意设计协会副会长，杭州市广告装潢研究所所长，2010上海世博会特邀顾问。吉林大学、同济大学、江南大学等八所大学的兼职教授、研究员、研究生导师。

许建国

安徽许建国建筑室内装饰设计有限公司创始人及设计主持。毕业于安徽省建筑工业大学环境艺术设计专业，进修于中央工艺美术学院室内设计大师研修班，武汉艺术学院设计艺术学硕士研究生班毕业。中国建筑学会室内设计分会会员，高级室内建筑师。

杨邦胜

意大利米兰理工大学设计学院室内设计硕士，美国美联大学设计管理博士，杨邦胜酒店设计集团总裁。APHDA亚太酒店设计协会副会长，深圳市室内设计师协会轮值会长，中国建筑学会室内设计分会常务理事，中国建筑装饰协会设计委员会副主任。

杨铭斌

毕业于广东轻工学院环境艺术设计专业，2013年成立硕瀚设计事业（佛山）有限公司，现任CIID佛山专业委员会委员。

叶铮

上海泓叶室内装饰有限公司总设计师。CIID理事，中国饭店协会设计委员会常务理事，上海应用技术学院副教授，IFI会员，美国室内设计学会国际会员。

于强

1999年组建于强室内设计师事务所，中国建筑学会室内设计分会深圳专业委员会副秘书长，国际狮子会·中国深圳红荔分会理事，中央美术学院、清华美术学院、天津美术学院等重点院校的社会实践导师，深圳大学艺术设计学院客座教授。

曾晖

毕业于四川大学，现任职于四川奇美装饰工程有限公司。

曾建龙

新加坡GID HOTEL DESIGN PTE LTD首席设计师，GID香港格瑞龙国际设计有限公司董事长，新加坡SD景观设计有限公司中国区负责人。毕业于意大利米兰理工学院、美国国际联盟大学艺术设计学院、清华大学酒店高级研究班以及中国人民大学金融系，任亚太酒店设计协会常务副秘书长。

张斌

中国建筑学会室内设计分会会员，国际室内建筑师/设计师联盟会员。中国建筑学会室内设计分会第四十六（南通）专业委员会秘书长。国际室内建筑师与设计师理事会专业会员。首届清华大学建筑工程与设计高级研修班学员，法国国立科学技术学院建筑工程管理学硕士。现为自由设计师。

张成喆

IADC 涞澳设计公司创始人，著有个人作品集《喆思空间》，近年正着力于打造跨领域设计平台。

张海涛

中国知名室内设计师，2005 年于北京创立筑邦臣设计公司。

张健

1999 年成立良品设计工作室，2007 年创立观堂设计，任设计总监。

张震斌

新加坡 WHD 酒店设计顾问有限公司董事、设计总监。毕业于法国（CNAM）学院项目管理硕士学位班，高级室内建筑师。中国建筑学会室内设计分会会员，中国陈设艺术委员会（山西）副主任，中国大木设计董事。

周光明

西班牙巴塞隆那加泰罗尼亚理工大学室内设计硕士，朱周空间设计（上海）创意总监。

周伟

周伟建筑工作室设计总监，CIID 中国室内设计学会杭州分会理事。

朱赋猷

毕业于上海工艺美术学院室内设计专业，香港伟麟室内设计有限公司创办人，上海市装饰装修行业协会及装饰设计专业委员会会员。

朱永春

毕业于南京航空航天大学，创办朱永春设计有限公司，任董事长兼设计总监。

胡若愚、郑传露、朱鹭欣

胡若愚：厦门喜玛拉雅设计装修有限公司总经理，厦门大瑛设计有限公司董事。

郑传露：厦门共想装饰设计工程有限公司总经理。意大利米兰理工大学设计学院研究学员，中国建筑学会室内设计分会会员，厦门理工学院艺术系特聘讲师。

朱鹭欣：厦门共想装饰设计工程有限公司设计总监。

吴峻、陈郁、朱炜

吴峻：万方设计总设计师，东南大学及新西兰维多利亚大学的建筑学硕士，高级建筑师及高级室内建筑师，从事设计专业 20 余年，主持和参与了众多国内外项目的设计工作并获奖。

陈郁：南京万方装饰设计工程有限公司设计部设计师、项目负责人。

朱炜：南京万方装饰设计公司设计部项目主管。

王峰、董美麟

王峰：成都风上空间营造设计顾问有限公司总经理兼设计总监。成都装饰协会设计分会副理事长，成都建筑装饰设计师精英联盟成员，中国建筑学会室内设计分会委员。

董美麟：DML Design 麟美建筑设计咨询（上海）有限公司设计总监，麟美国际陈设机构创始人。从专业的角度深度整合建筑和室内的不足，完成软装家具到陈设的最后深化效果，以科学的审美和文化的故事内容阐述空间的设计语言。

费宁、吕恺

费宁：苏州苏明装饰公司设计部设计总监，CIID 中国建筑学会室内设计分会理事。《中国室内》执行编委，JSIID 江苏省室内设计学会常务理事。苏州科技学院建筑城市规划学院客座教授，无锡江南大学设计学院课程顾问。

吕恺：毕业于无锡轻工业学院，苏州苏明装饰有限公司商业空间设计所所长。

朱晓鸣、尹杰

朱晓鸣：高级室内建筑师，意内雅空间设计事务所创意总监及执行董事。IAI 亚太建筑师与设计师联盟成员，CIID 杭州室内设计学会常务副秘书长。

尹杰：毕业于温州大学，杭州意内雅建筑装饰设计有限公司设计总监。2009 年荣获中国百杰室内设计师称号。

赵绯、龚骞

赵绯：伦敦艺术大学环境设计硕士，现任职于四川中英致造设计事务所。

龚骞：毕业于四川大学建筑系建筑装饰专业，现任职于四川中英致造设计事务所。

姚康荣、张涛

姚康荣：毕业于上海同济大学建材学院，高级室内建筑师。

张涛：杭州海天环境艺术设计有限公司设计主任。

张晔、刘烨、饶劢、盛燕、纪岩

张晔：毕业于重庆建筑大学建筑学室内设计专业，清华大学建筑学院工程硕士，中国建筑设计研究院环境艺术设计研究院室内设计研究所所长。

刘烨：高级建筑师，现任职于中国建筑设计研究院室内设计研究所。

饶劢：中国建筑设计研究院室内设计研究所室副主任。

盛燕：中国建筑设计研究院、环境艺术设计研究院室内设计研究所高级建筑师、所总建筑师。

纪岩：中国建筑设计研究院室内设计师。

图书在版编目（ＣＩＰ）数据

2014中国室内设计年鉴 / 《中国室内设计年鉴》编
委会编. -- 沈阳：辽宁科学技术出版社，2014.9
　　　ISBN 978-7-5381-8785-4

Ⅰ．①2… Ⅱ．①中… Ⅲ．①室内装饰设计－中国－
2014－年鉴 Ⅳ．①TU238-54

中国版本图书馆CIP数据核字(2014)第186663号

出版发行：辽宁科学技术出版社
　　　　　（地址：沈阳市和平区十一纬路29号 邮编：110003）
印　刷　者：利丰雅高印刷（深圳）有限公司
经　销　者：各地新华书店
幅面尺寸：230mm×300mm
印　　张：82.5
插　　页：8
字　　数：100千字
出版时间：2014年 9 月第 1 版
印刷时间：2014年 9 月第 1 次印刷
责任编辑：杜丙旭
封面设计：赵宝伟
版式设计：赵宝伟
责任校对：周　文

书　　号：ISBN 978-7-5381-8785-4
定　　价：598.00元（1、2册）

联系电话：024-23284360
邮购热线：024-23284502
E-mail: lnkjc@126.com
http://www.lnkj.com.cn